包装设计与品牌策划

张健 主编

中国戏剧出版社
CHINA THEATRE PRESS

图书在版编目（CIP）数据

包装设计与品牌策划 / 张健主编 . -- 北京 : 中国戏剧出版社，2024. 11. -- ISBN 978-7-104-05601-0

Ⅰ . TB482; F273.2

中国国家版本馆 CIP 数据核字第 20249JW978 号

包装设计与品牌策划

责任编辑：肖　楠
项目统筹：康祎宁
责任印制：冯志强

出版发行：中国戏剧出版社
出 版 人：樊国宾
社　　址：北京市西城区天宁寺前街 2 号国家音乐产业基地 L 座
邮　　编：100055
网　　址：www.theatrebook.cn
电　　话：010-63385980（总编室）　　010-63381560（发行部）
传　　真：010-63381560

读者服务：010-63381560
邮购地址：北京市西城区天宁寺前街 2 号国家音乐产业基地 L 座

印　　刷：廊坊市印艺阁数字科技有限公司
开　　本：787mm×1092mm　1/16
印　　张：12.25
字　　数：223 千字
版　　次：2024 年 11 月　北京第 1 版第 1 次印刷
书　　号：ISBN 978-7-104-05601-0
定　　价：72.00 元

前言

包装设计的历史进程与人类文明的演变紧密相连。科技的进步、可持续理念和消费升级的推进，为包装行业带来了前所未有的发展机遇。随着经济社会的发展，产品的外包装已经变成了各类商品进行市场推广的主要工具。包装作为一个关键的传播渠道，起着连接企业和消费者的作用。在这个竞争异常激烈的市场环境里，包装不仅是一种战略工具，用以占据和拓大市场份额，还是成功地将产品推向市场的关键，同时也是影响消费者购买决策的决定性因素之一。

包装设计是融合多学科的商业艺术设计，其中不仅涵盖了包装的形状、构造、色彩和文字等视觉表达元素，还包括包装所用的材料和容器等关键的包装元素，涉及消费心理学、市场营销学、技术美学、现代储运学等方面的知识。包装设计最终随着市场经济中的商品竞争成为企业形象、销售策略、广告设计等营销活动的中心。

随着包装工业的蓬勃发展，高附加值的、展现品牌价值的商品包装是各国都努力发展的朝阳产业之一，对包装设计人才的需求也在不断增长。如何使包装设计教育与社会进步同步、如何建立一个完整的设计教学框架、如何凸显其独特的办学风格、如何完善学科建设、如何提高教学质量等问题成为全社会关注的焦点。我国现代意义上的包装设计教育起步较晚，是从改革开放以后发展起来的，尽管我们已经取得了显著的成果，但相比发达国家，仍然存在较为明显的差距。在推动我国的包装设计教育逐步走向国际化的过程中，我们也面临着诸多问题。其中，包装设计的教学形式以及真正与市场和品牌结合的实践性一直是备受关注的难点。基于此，针对我国高等院校艺术设计等相关专业教学的需要，在充分借鉴、吸纳前人和同行已有成果的基础上，作者将多年积累的包装设计教学经验和掌握的包装设计技法整理编写成书。

本书的编写宗旨是把握包装行业发展趋势与品牌需求，在设计专业中，既要考虑多元化与专业化的共存特性，同时也要满足设计专业的实用需求，特别是在设计方法的指导和设计技巧的继承与发扬方面，要着力培养学生的创新设计意识与能力。

本书共 5 章。第一章为包装设计概述，分别介绍了包装设计的概念、包装的功能与分类、包装设计的历史、包装设计的发展趋势、包装设计的程序、包装设计的定位；第二章为包装的材质、造型与结构设计，分别介绍了包装的材质、包装的容器造型设计、包装的结构设计；第三章为包装的平面视觉设计，分别介绍了包装平面视觉设计的特征，图形、图像与品牌的传达，文字与色彩的传达，包装的编排设计；第四章为包装设计的印刷工艺，分别介绍了包装印刷的种类及加工工艺、包装印前设计制作、印刷与纸张；第五章为包装的品牌策划，分别介绍了包装品牌定位方法与营销策略、包装促销设计与品牌延伸、包装品牌的自我保护。

在内容选择与呈现形式上，本书努力体现以下特色。

第一，对包装传统理论及设计技法重新梳理，围绕包装设计的本质、特征和发展趋势，对原有理论、技法进行整合、凝练，将人们耳熟能详的理论、技法纳入基本知识范围，对新理论、新技法予以详细阐述，方便学生理解与学习。

第二，根据时代发展与品牌需求，改变以往教材中主体内容不突出导致讲授中知识“厚薄”难以取舍的状况，加强教材内容与社会主体包装形式的对接，将包装形式的理论和实践作为重中之重。采用当下社会最前沿、最具代表性的包装理论及案例，为学生提供明确的设计方向与借鉴思路。

第三，强调设计形式表现与技术原理的统一，力求设计与艺术、设计与技术、设计与美术的有机融合，弥补对学生的培养只停留于包装美术表现而缺乏实际制作能力的缺陷。

在撰写本书的过程中，作者参考了许多书籍，如孙志宜主编的《包装设计》、彭冲主编的《交互式包装设计》、张红辉著的《现代包装设计理念变革与创新设计》、石辰三著的《现代创意包装设计技巧分析与实践探索》等，在此表示真诚的感谢。由于作者水平有限，书中难免有疏漏之处，希望广大同行及时指正。

张　健
2023 年 10 月

目录

第一章

包装设计概述

在现代社会中，商品的包装在销售过程中的重要性和影响力日益凸显，包装赋予了商品丰富的色彩和无尽的吸引力。包装不仅是商品的外在表现，还以"第一印象"的方式进入消费者的视野，诱导他们进行购买。在商品经济面向全球市场的今天，包装作为一种能够体现商品和使用价值的工具，在生产、分销和消费的各个环节中，正逐渐展现出其至关重要的地位。

商品包装的功能包括保护商品、便利销售、美化商品和传递商品信息。作为商品包装生产流程的首要环节，包装设计在这个过程中起着至关重要的作用。

第一节　包装设计的概念

包装的核心是产品，包装从最初对商品的包裹、捆扎，到成为现代商品不可分割的一部分，商品包装已成为商品销售竞争的重要因素。传统的包装概念在不断演变，最终诞生了现代包装概念，伴随着经济全球化的逐步推进，现代包装的定义和内涵已经发生了显著的变化，也在一定程度上有了拓展。因此，人们需要用更广阔的视角来审视和理解包装，并用有别于传统的方法来更新、丰富和拓展包装设计这一概念。

一、传统包装设计的概念

包装与产品紧密相连，如果没有产品，包装便失去了存在的意义。同时，产品也需要通过包装来保护，以确保它能够顺利进入流通环节。在我国古代的文字体系中，"包"这个字代表了一个在子宫中孕育后代的象形文字。根据《辞海》所给出的定义以及传统上人们普遍接受的词义，"包"这个词有"包藏、包裹、收纳"等多种含义，而"装"则涵盖了"装束、装扮、装载、装饰与样式、形貌"等意思。[①]

在日语和朝鲜语中，"包装"这个词都有出现。日本的《大汉和辞典》解释了包装的含义，即"包，准备行李、打理行李"[②]，意味着整理、包扎、搬运物品。"package"是包装的英文名称，根据英国《牛津大词典》的解释，这个词在英文中的含义与中文中的"包

① 朱国勤、吴飞飞：《包装设计》，上海人民美术出版社2016年版，第7页。
② 朱国勤、吴飞飞：《包装设计》，上海人民美术出版社2016年版，第7页。

装”基本一致，可以理解为包扎、包裹。

历史经验告诉我们，自远古时代开始，人们就采用各种不同的方法来设计、制造和使用各种包装，从而对包装的外观和功能有了更深入的了解。这些观点反映了当时人类社会的生产实践情况，并与现代包装设计的理念有很多相似之处。

传统的包装设计主要包括以下几个方面的意义：容纳和保护物品，以防止其在质量和形态上受到破坏；整合，意味着将一些混乱无序的物品按照预定的容量或数量单位进行统合处理；在运输过程中，通过精心的包装设计，使物品更便于搬运和运输；通过美化，可以让物品看起来更加引人注意。

二、现代包装设计的概念

“在大多数情况下，包装和所包装的商品已经很难区分。”[①] 这一观点说明，包装正在成为产品的一部分并进入流通市场，因此，人们将包装与所包装的产品较为形象地比喻为一对孪生子。

包装之所以成为产品的一部分，是由于包装在现代市场中的重要性，尤其是对消费品的包装，其最终目的是要把商品从货架上转移到消费者手中。为了达到保护和促销的目的，包装就必须施以某种手段或者技术，因此，从广义上看，包装是对产品施加的一种技术手段。各国对包装的定义基本上是以此为前提确定的。

对于很多国家来说，包装的定义常常会存在一些区别。下面对部分国家的包装的概念进行阐述，以便读者对其有更深入的认识。

在美国，包装被定义：“包装是为货物的运输和销售的准备行为。”（美国包装协会《包装用语集》）英国将包装定义为：“包装是为货物的运输和销售所做的艺术、科学和技术上的准备工作。”（英国规格协会《包装用语》）加拿大对包装的定义是：“包装是将产品由供应者送至顾客或消费者而能保护产品完好状态的工具。”日本对于产品包装的定义是：“包装是使用适当之材料、容器而施以技术，使产品安全到达目的地，即产品在运输和保管过程中能保护其内容物及维护产品之价值。”（《日本包装用语词典》）。[②]

① 肖禾：《销售包装设计》，印刷工业出版社2008年版，第183页。

② 王效孟、徐长春主编：《包装设计》，北京理工大学出版社2009年版，第9页。

在我国发布的《包装通用术语》中，包装这一词汇的定义是："为了在流通过程中保护产品、方便储运、促进销售，按一定技术方法而采用的容器、材料及辅助物等的总体名称。"也指"为了达到上述目的而采用容器、材料和辅助物过程中施加一定技术方法等的操作活动"。①

一旦对包装有了清晰的定义，我们就可以确定，包装设计是在正式生产包装产品之前，根据特定的需求与目的而设计的图案。

在英文中，设计有计划、图案、企图等意思，简单来说，设计的核心思想是寻找各类问题的解决方案，其主要任务就是应对人们在日常生活中遭遇的精神和物质上的挑战。在包装设计中，我们需要解决的核心问题较为多样，除了要考虑产品的保护、运输和储存等多个方面的问题，还需深入探讨如何降低对环境的污染并维护生态平衡。所以说，包装设计可以被视为一种具体的工程设计（见图 1-1）。

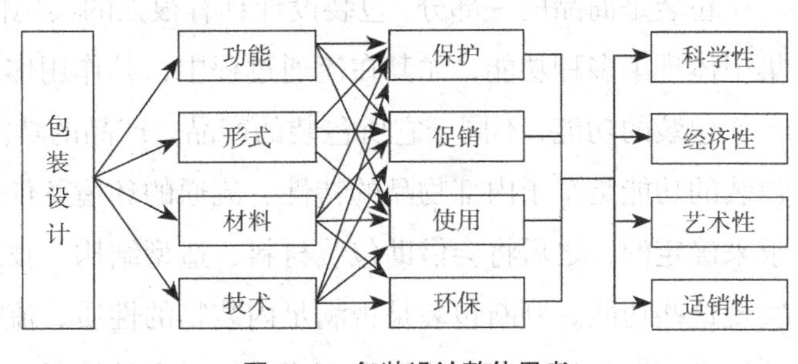

图 1-1　包装设计整体思考

在包装设计中，除了要考虑产品的销售、企业形象的推广、产品质量的描述和审美等方面的表现问题，包装设计还可以被视为一种视觉传达设计，也就是以前惯称的包装装潢设计（见图 1-2）。

从包装设计面临的众多挑战来看，包装设计是一种融合了社会学、经济学、心理学等诸多学科的知识和功能的综合性设计，其内容主要有包装容器造型设计、结构设计和视觉传达设计等。

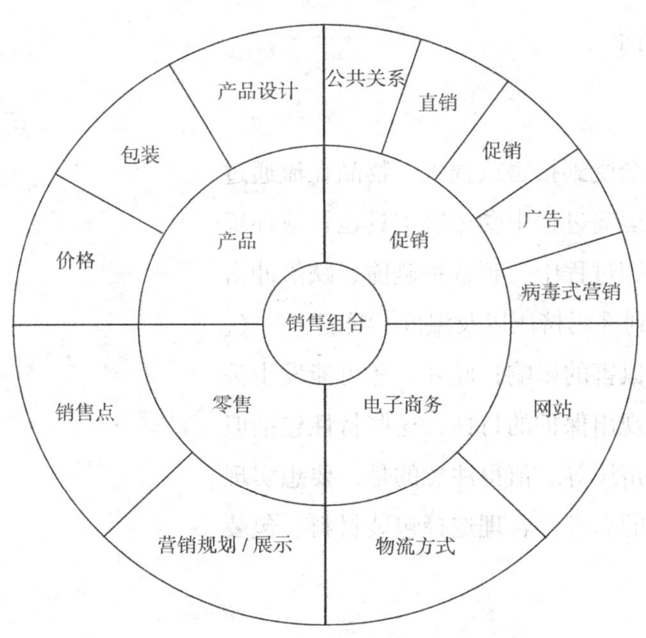

图 1-2　包装在产品销售组合中的位置

① 王效孟、徐长春主编：《包装设计》，北京理工大学出版社 2009 年版，第 9 页。

第二节 包装的功能与分类

一、包装的功能

包装是商品的一部分。包装设计具有很强的实用性、目的性和针对性，集中体现了多种功能，尤其在流通过程中，其作用体现得尤为明显。

包装的功能，不同于它所包装的产品。产品的功能是供人消费、使用。包装的功能是基于内部物品的特性、流通的环境条件以及消费者的使用需求来确定的，之后将会借助包装材料、造型结构、技术手段和装潢方法来实现这些功能。判断包装是否满足内装物的性质、流通条件、消费和使用的标准，以及是否存在功能不全或功能过多的情况，都是决定包装是否合理的关键。

包装的功能主要表现在以下几个方面。

（一）保护功能

包装的主要作用是确保内部物品不会受到损害或损失。物品在流通过程中，易受到外在因素的影响，包括在运输过程中受运输工具运行或环境因素造成的各种振动、冲击；在搬运装卸过程中受到各种碰撞、跌落冲击和硬物划伤；在运输及储存过程中，受到堆码挤压以及温度、湿度、空气、放射线、磁场、静电、微生物、虫害、鼠害的影响；此外，还可能发生丢失或被盗的现象。这意味着包装需要展现出保护的特性，这些特性包括但不限于防磕碰、防曝光、防水防潮、防挤压等。值得注意的是，要想实现上述诸多类型的功能，就需要基于科学的态度，合理选择包装材料、包装方式等（见图 1–3）。

（a） （b）

（c） （d）

（e）

图 1–3 防腐果酱包装

（二）方便功能

包装的方便功能，主要体现在以下几个方面。

1. 生产方面

商品的包装设计应当方便其生产和制造流程，与工艺流程相匹配，并能有效节约材料和工作时间。

2. 运输方面

物品经过合理的包装处理，如捆绑、包裹、装袋、装箱等后，能更方便地进行装卸与运输，由此就能够进一步降低运输的成本，也能够极大地提升运输效率。

3. 储存方面

那些被恰当地包装并带有突出标识和相关说明的物品，应易于辨认、测量和点验，其大小、形态和重量应更加方便堆放和仓储，这样可以降低存储成本并提高存储效率。

4. 销售方面

有利于商品的陈列效果，方便在橱窗、货架和柜台上陈列，易于搬取、分类保管和零售。

5. 使用方面

为了确保消费者可以完整体验到相关产品在携带、开启、使用等方面的便捷性，设计者进行了深入的思考。例如，可以选择方便携带的、易于打开的、一次性用量的包装或是配套的包装等（见图 1–4）。

（三）传达有关商品信息的功能

这个功能通常可以归入促销功能中，其中部分还可以归入方便识别的功能中。

现代销售模式的转变，对于包装在传递商品信息方面的功能提出了更多新要求。政府往往通过立法对商品包装需要标明的必要信息做出规定。

（a）

（b）

图 1–4　方便喂鸟的谷物包装

图 1–5　洛川苹果包装

此外，在商品销售方式日益倾向于自助式的情况下，包装作为“无声的推销员”[①] 充当商品与消费者之间的媒介，关于商品的数量、品质以及如何使用，关于生产和保存的日期以及生产商的信息，所有与消费者利益相关的产品制造标准、卫生批次等信息，都应该清晰地呈现在产品的包装上。

（四）美化商品、促进销售的功能

赋予包装“无声的推销员”的职能，不仅要准确地传达商品信息，更要有说服、刺激、引导消费者购买的作用，这一目标主要通过包装的形式、造型及视觉传达设计达到。

过去，人们常常将包装的视觉传达设计称为装潢设计，这在很大程度上代表着当时的人们对包装设计功能的理解，即装饰和美化产品，简单来说，也就是通过包装设计使得产品的美观性得到提高，并进一步增强其对消费者的吸引力，最终提升产品销量。

在当前的市场环境中，包装设计的美化功能依然存在，但它已经实现了很大程度上的发展。对于包装设计来说，包装的形象不仅需要确保足够美观，还应该较为突出地展现出生产企业的整体形象，突出商品的系列化和可识别性。由此可知，当下的商品已经不仅仅是一个单一的产品，其已经成为与企业的整体生产和营销策略紧密相关的一部分。商品的包装应当展现其内涵品质，并面向特定的消费者群体，展现出自身所拥有的独特的审美风格，以满足众多消费者在生理和心理上的需求（见图 1–5）。

（五）保护生态环境的功能

保护生态环境是近年来引起人们较多关注的话题，也是对今后的包装设计提出的挑战，同时也为包装产业的健康发展提供了广阔的空间。

随着工业化程度的提高，生态环境的保护已经变得迫在眉睫。尽管包装材料为人们的日常生活带来了许多便利，也使得生产企业获得了庞大的利益，但它们也对我们的生态环

① 张如画、欧阳慧、吴琼主编:《包装结构设计与制作》，中国青年出版社 2017 年版，第 40 页。

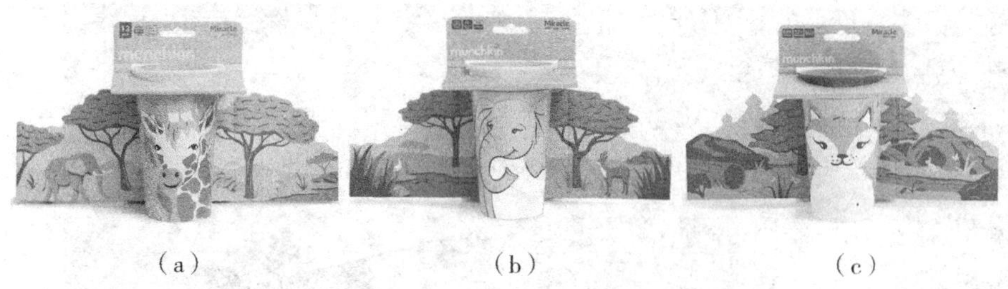
（a）　（b）　（c）

图 1–6　使用 100% 可回收包装的杯子

境造成了较大程度的伤害。绿色和生态的包装方式已经变成了全球包装设计师最为关心的设计目标。

通过不懈的努力，我们在包装生产的材料和能源节约、提高包装材料的利用率、避免对环境造成破坏等方面取得了显著的进步（见图 1–6）。

二、包装的分类

现代包装的种类繁多，研究角度不同，分类的方法也各不相同，大致可以从以下几个方面来区分。

（一）按形态性质分类

1. 内包装

内包装是指与内装物直接接触的最贴身的包装，它的主要功能是保护内装物，按照内装物的需要起防水、防潮、遮光、保质、防变形、防辐射等各种保护作用，如巧克力内层的铝箔纸包装，盛装酒、饮料和化妆品的瓶、罐、盒、袋等容器（见图 1–7）。

图 1–7　中式果酒的内包装

图 1-8 饮品个包装

图 1-9 啤酒外包装

2. 个包装

个包装也称销售包装。在体现包装具有的保护、便利功能的基础上，个包装以满足商品销售要求为主要目的，注重包装在销售环节吸引消费者注意、说明宣传商品的作用，如用纸、塑料、金属、玻璃、陶瓷、纤维织物、复合材料等制作的盒、罐、袋、听等（见图 1-8）。

3. 外包装

外包装也称大包装、运输包装，这种包装的主要功能是确保产品在装载、存储、运输等各个环节中的安全性和便捷性。通常情况下，产品的外包装并不是为了促销而设计的。为了更加方便地进行流通流程的操作，包装上会明确标注产品的名称、内容、特性、数量、大小、摆放方式以及需要注意的事宜等详细信息，如用木、纸、塑料、金属、陶瓷、纤维织物、复合材料等制作的箱、桶、罐、坛、袋、篓、筐等（见图 1-9）。

根据包装方式及商品本身形态的多样性，实际生活中的许多包装并不一定符合上述分类法。内包装和个包装有的商品只取一种，如一些洗涤剂的包装就是内包装和个包装合为一体的包装形式；有的两种（销售包装、运输包装）兼备，如一些家电等大件产品大多采用个包装与外包装合为一体的包装。因此，美国把前两种总称为容器，把第三种称为包装。日本则是从商品流通的角度，把前两种称为销售包装，把第三种称为运输包装。

（二）按材质特性分类

包装按材质特性可分为硬质包装与软质包装。

1. 硬质包装

硬质包装包括陶瓷、玻璃、竹木箱盒、硬质塑料盒、钙塑箱、金属箱、听、罐、集装箱、大托盘、人工合成硬质材料包装等（见图 1-10）。

2. 软质包装

软质包装包括纸盒、箱、袋、包装纸、编织袋、塑料袋、塑料薄膜、复合包装（纸、铝、

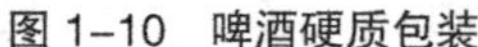
图 1-10 啤酒硬质包装

图 1-11 润喉糖软质包装

塑）、布袋、麻袋、无纺布袋、草袋、革制品袋等（见图 1-11）。

（三）按造型结构特点分类

包装按造型结构特点可分为便携式包装（见图 1-12）、组合式包装（见图 1-13）、开窗式包装（见图 1-14）、透明式包装（见图 1-15）、悬挂式包装（见图 1-16）、挤压式包装（见图 1-17）等。

（a）

（b）

图 1-12 干果便携式包装

（a）

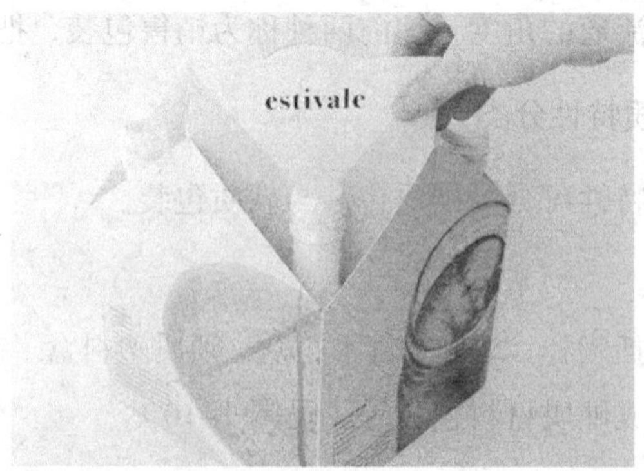

（b）

图 1-13 香槟组合式包装

图 1–14　早餐荞麦开窗式包装

图 1–15　瓶装水透明式包装

图 1–16　悬挂式沐浴球包装

图 1–17　洗面奶挤压式包装

（四）按技术目的分类

包装按技术目的可分为防水包装、防虫包装、防潮包装、防燃包装、防震包装、防锈包装、防盗包装、儿童安全包装、真空包装、压缩包装、通风包装等。

（五）按体量分类

包装按体量可分为：小包装（也称零售包装），一般为销售包装；中包装（也称批发包装），如集装糖果、颜料袋、文教用品的纸盒，一般以十进位、十二进位较为多见，是为了利于堆放，防止大包装中的商品相互挤压，便于组装和购销计量而设置的；大包装（也称运输包装），如瓦楞纸箱、木箱、铁箱、化纤袋等，其主要任务是保护商品，便于运输。在流通中，有些商品同时带有大包装、中包装和小包装，有些商品只有其中两种包装。

（六）按商品种类分类

包装按商品种类可分为食品包装、药物包装、化妆品包装、电子产品包装、纺织产品包装、儿童玩具包装以及文化用品包装等。

此外，包装按用途可分为专用包装、通用包装、特殊用品（如军用品、化学用品）包装等。包装按商品价值可分为高档包装、中档包装、低档包装等。

第三节　包装设计的历史

当人们开始参与生产活动并制造自己的产品时，包装技术便得以诞生。而商品包装是随着市场即商品经济的产生而产生的。包装从初期只是对商品进行单纯的包裹、捆扎发展到现在，已成为企业营销战略的重要环节。包装与包装设计是塑造企业形象与促进商品销售的重要手段、在激烈的市场竞争中扮演着排头兵的角色。

根据包装的历史发展轨迹，历史学家一般将其划分为 4 个不同的发展阶段：原始包装、古代包装、近代包装以及现代包装。

原始包装指的是史前时期使用原始包装工具的阶段，通常可以追溯到旧石器时代。此阶段的人类使用天然材料如树叶、兽皮和藤条来包裹和运输食物和其他物品。

古代包装从新石器时代之后持续到工业革命之前。这是包装从原始方式向更复杂的传统方式过渡的时期。此阶段的包装材料和技术逐渐进步，使用了陶器、玻璃、木材等材料。

近代包装通常指19世纪中叶英国工业革命以后到20世纪中叶的包装设计。工业革命带来了大量生产技术的进步，包装材料如纸和金属的使用开始普及，包装设计也变得更加精细和功能化。

现代包装一般是指20世纪中叶以后至今的包装设计。这一时期包装技术飞速发展，塑料、复合材料和智能包装的出现极大地改变了包装行业。现代包装不仅注重功能性，还强调环保、可持续发展和创新设计。

一、原始包装与古代包装

原始包装标志着包装的初步形成，而古代包装则是商品包装自“包裹”到“包装”的发展阶段。我们今天重新审视与回顾这一演变过程时可以发现，处于初始阶段的原始包装为现代包装设计提供了有益的参考和灵感，在当下仍具有一定的借鉴价值。

（一）原始包装

在原始社会早期，当商品经济还未完全形成时，包装就已经开始出现。为了便于运输，原始人会收集如葫芦这样的果壳或荷叶这样的大型植物的叶子，然后用非常简单的方式进行包装和包裹，或者用柔软的植物枝条、藤蔓、葛等进行简单的捆绑。这些可以被视为原始包装的初步发展，或者说是其起源。

根据考古学的研究，在公元前12000多年前，人们就已经发明了用树皮制作的简易桶，用兽皮缝制的原始口袋，用树枝、竹条编制的原始筐篮等。人类社会大约进入中石器时代以后开始从事畜牧业和种植业，使人类的生活相对安定下来，人们的食物也开始有了剩余，要把一时吃不完的食物贮藏起来，这就使包装有了进一步的发展。

从中石器时代到早期新石器时代的遗址中，如我国冀南、豫北的磁山文化遗址，发现了村落遗址内用于贮藏物品的窑穴，窑穴内有用石器盛装物品的遗迹，个别遗址还发现了陶窑。我国浙江余姚河姆渡遗址出土的陶器，距今大约有7000年的历史。陶器是原始社会最完美的包装物，不过，这时的包装还不是商品包装，而且相当原始（见图1–18）。

图1–18　早期的陶器

（二）古代包装

随着市场的出现，商品包装也随之诞生。市场作为商品经济的成果，自其诞生以来，已经拥有长达四五千年的悠久历史。随着人类步入原始社会的中后期阶段，农业与畜牧业逐渐分离，这种社会分工模式催生了原始交换的初步形成。最初的商品交易主要是农产品和畜产品之间的互换。为了确保交易的顺利进行，人们采用了各种方法，如用竹子和荆条编织成箩筐来装载粮食，用陶罐来盛放米酒，以及用植物纤维制作绳子来捆绑羊皮等，在此过程中也就出现了商品的包装。

1. 我国古代的包装

自从我国出现了商品交换和货币制度以来，商品生产得到了飞速发展，大量的生产各种商品的工场或是专门进行交易的商人纷纷出现。为了便于储存和远距离运输各种小物件，他们组织一些奴隶专门从事制作适于各类物品的包装和包装材料，于是物品包装业得到了迅速发展。在这个时候，包装材料不再仅局限于自然界中的各类植物，还包括木质、陶瓷、金属和漆器等多种材料和容器。

在商朝时期，农业得到了广泛发展，人们可以使用各种谷物来酿造酒，手工业则可以生产出精致的青铜器和陶器。早期城市的规模也逐渐扩大，商品交换进一步发展。在殷周时代，市场已经进入了一个繁荣的时期，社会上涌现出了一批专业的商业人士，他们为了更好地控制和满足市场需求而大量囤积商品，这也带动了商品包装行业的快速发展。在春秋战国时期，陶器已被广泛用于包装，与此同时，漆器的制作技术也被融入包装中。

公元前 475 年，战国时期开始，我国进入封建社会，社会生产力有了显著的进步。陶瓷、青铜、编织、木制和油漆等包装容器的生产得到进一步发展。在汉代，我国的部分商品已经被销售到了波斯、印度、罗马等主要城市，开辟了著名的丝绸之路，并积极发展海运。在此背景下，我国的传统包装技术有了显著的进步。在汉朝时期，我国发明了造纸技术，值得注意的是，纸在包装中得到了使用，极大地促进了包装行业的发展。到了唐朝时期，各种商品开始普遍使用包装纸，民间经常使用较为粗糙的土黄纸来包裹各类物品。这种简易的包装形式经济实用，符合当时的社会经济条件，在民间运用得相当普遍，其中一些至今仍然存在（见图 1–19）。在那个时期，雕版印刷技术已经得到广泛应用，人们开始在包装纸上印

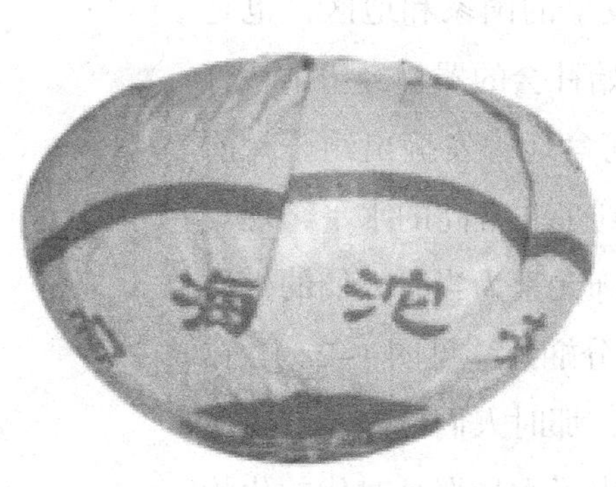

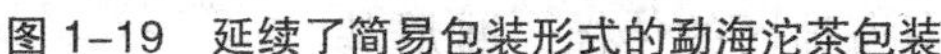

图 1–19　延续了简易包装形式的勐海沱茶包装

图 1–20　济南刘家功夫针铺印刷的包装纸

刷各种宣传语和商品标识。值得注意的是，在北宋时期，山东济南的“刘家功夫针铺”就曾使用印刷铜版纸来印制包装纸，这被视为我国保存至今的最古老的纸质印刷包装（见图 1–20）。

自宋以后的元、明、清，特别是清朝末年以后，由于我国的所有产业部门都开始日益落后于世界新兴的资本主义，包装行业也不例外。从宏观角度看，我国古代的包装主要是为了存储、保护物品和便于运输，并不会过多地关注其艺术表达，这种情况直到 20 世纪初才有所缓解。在商品的流通过程中，包装发挥了不可或缺的作用。在包装的装潢设计上也有了进步，采用了一些民族民间的吉祥纹样（见图 1–21）。民间美术的表现方法，神话、寓言、戏曲、民间故事也成为部分装潢设计的题材。

（a）

（b）

（c）

图 1–21　我国古代吉祥纹样

2. 世界古代的包装

古埃及、古希腊、古罗马等世界文化起源较早的国家和地区，也是世界包装文化的起源地。在这些国家和地区，原始社会的器物经历了从打制石器到磨制石器再到陶器的演变过程。尼罗河盆地曾发掘出约公元前13000年的陶器。古希腊的陶器制作技艺已经达到了非常高的水平，现今人们挖掘出的各种陶瓶形状饱满、均匀，主要装饰元素为当时人们的生活场景以及神话人物的描绘，其中对人物的刻画十分娴熟（见图1–22）。在古埃及的第五王朝，不透明的彩色玻璃首次出现，那时人们已经能够生产出各种不同形态的容器。现如今，埃及已经挖掘出了大量那个时代的化妆品容器、高脚酒杯和鱼形花瓶。随着玻璃瓶在地中海地区的传播，腓尼基人开始进行仿制。在法老的统治时期，玻璃制造技艺传到了希腊，希腊的工匠发明了吹制玻璃容器的技术。到了公元1世纪初，古罗马人开始普及并创新玻璃的熔制技术，制造出了透明玻璃，并使用吹管对玻璃液进行吹制，最终创造出形状各异的玻璃容器。

在以后漫长的中世纪，国外的包装技术进展并不快，其快速发展的时间为西方的产业革命时期，那时它才步入了一个高速增长的阶段。中世纪时期的威尼斯被视为全球玻璃产业的核心之地，其生产的产品因精湛的工艺而广受赞誉。正式的玻璃瓶工厂于1609年在美国建成，此后，玻璃厂遍及法国、英国、捷克、俄国等许多国家。为了使容器内的商品不变质，从16世纪中叶始，欧洲普遍使用锥形软木塞来密封包装瓶口。1843年，英国的柯德（Curd）创造了装汽水的玻璃瓶，1856年，他又发明了带有软木垫的螺纹盖；而在1878年，美国的欧文斯（Ohouens）设计制造了玻璃瓶自动成型机器，制造出的玻璃瓶既精致又美观（见图1–23）。

图1–22 古希腊陶瓶

图1–23 19世纪美国亨氏甜酸菜和芹菜酱包装

公元1400年欧洲开始出现活版印刷；1793年，西欧开始将标记和印刷标签贴在酒瓶上；1817年，英国的制药行业明确要求，有毒产品的包装必须附有易于辨认的印刷标记。此时，平印（石版印刷）术、滚筒凸版印刷机也相继发明。

1495年，英国建成了造纸厂，但17世纪前，世界所有造纸国都是用手工造纸。得益于制浆技术的不断进步，用于包装的纸质材料也不断地被研发出来。到了18世纪初，马粪纸在英国得到了广泛的应用，1785年美国费城创办了世界第一家硬纸板的纸箱厂；1855年英国发明了瓦楞纸并获得专利。

美国作家罗伯特·奥帕（Robert Aupa）在其著作《包装——对一个世纪包装设计的考察》中，深入探讨了中世纪包装在功能上的演变，为我们更好地理解西方国家的包装发展情况提供了宝贵的参考资料。“杂货店里的各种货物——米、茶、面粉、糖、各种水果，总是由各种各样的木制的桶、箱装着。运到店里后，又由老板或伙计按照顾客的要求，个别地加以包装。这是个需要时间与技术的工作。”[①] 然而，随着市场的发展，“商品开始通过商标来展示自己的视觉形象，越来越多的公司在自己的名头下生产产品，如约翰·巴贝面粉公司的产品不断地（在包装上）展示自己的名称，显示出他们的与众不同”[②]。

罗伯特·奥帕通过他的描述生动地揭示了手工业时代包装的根本变革，即在商场当中，因为竞争的激烈存在，使得商品的包装本身不再仅仅作为商品的包裹物存在，而是更多地展现商品本身的信息，成为传递商品信息和促进销售的工具。因此，包装逐渐被视为视觉传达设计。

二、近代包装

近代包装技术与西方的工业革命有着密切的联系。工业革命最初起源于英国，随后，法国、德国、美国等国家也相继完成了工业革命。值得注意的是，近代包装的进步在很大程度上得益于工业革命的推动。在此过程中，人造包装材料逐渐取代天然包装材料，机制包装产品逐步取代手工业包装产品，有效推动了现代包装技术的发展。

（一）工业革命后的近代包装

1. 工业革命后西方包装的发展历程

在工业革命的催化作用下，西方国家通过广泛应用蒸汽机、内燃机和电力，实现了在包装设计和生产方面的显著发展。18世纪，药瓶开始采用纸制的印刷标签。与此同时，烟草产品和发卡的外包装上也贴上了更加精致的设计标识。从19世纪末到20世纪初，随着

① 刘卉：《包装设计》，东华大学出版社2010年版，第19页。
② 刘卉：《包装设计》，东华大学出版社2010年版，第19页。

各种印刷机械的涌现和多色石版印刷技术的不断创新发展，包装呈现出了全新的风貌，曾经简单的包装现在变得更加美观。19 世纪 50 年代，彩色印刷技术得到了广泛应用，并有效促进了包装设计的飞速发展。各种不同风格的设计作品纷纷亮相，特别是在烟酒制品、水果罐头和药品等产品领域表现得尤为突出。在这段时间里，许多全球知名的产品包装品牌得以问世。

19 世纪中叶，商品包装已处于较为成型的状态。那时，批发商常要对粮食不纯、短重负责，因而密封包装的采用成为必然趋势。

约翰·霍利迈（John Hollimai）率先采用印有他的名字、住址及“纯混合茶——足重，扣除包装重”的保证语的密封小袋来包装他的混合茶，并取得了成功。

在镀锡薄钢板（马口铁）问世之后，铁制的包装容器得到了广泛的应用。19 世纪，西欧启动了马口铁的大规模生产。1819 年，美国成功建立了全球首家专门生产马口铁罐头的工厂。美国从 1837 年开始生产马口铁罐头装的食品，在美国内战期间，罐头得到广泛食用，并走向家庭，为大多数消费者所接受。

19 世纪 50 年代，饼干的生产在欧洲供大于求，一时销售不出去的饼干急需妥善保存，于是饼干听应运而生，它既可以防止饼干碎裂，又可以防潮以保持饼干的鲜脆。1868 年圣诞节期间，波玛尔公司为了推销花式饼干，将彩色印刷的标签直接贴在马口铁的饼干听上（见图 1–24），使饼干听包装更上一层楼。

图 1–24　花式饼干听包装

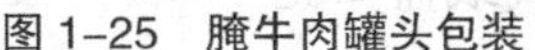

图 1–25　腌牛肉罐头包装

（a）

（b）

图 1–26　1880 年英国可可粉包装和 1890 年英国饮料包装

从 19 世纪 80 年代起，罐头厂已遍及美国，并且大量向外出口罐装的鱼、水果、蔬菜和炼乳等商品，其中一种腌牛肉就是装在一个附有开听刀的独特的四棱台形的罐头里（见图 1–25）。这个时期，密封罐技术的发展在包装发展历史上十分重要。为了确保产品保持其新鲜度，英国的饼干公司和烟草公司选择使用密封罐进行包装（见图 1–26）。

铝制包装在 19 世纪后才开始发展。1907 年，人们在包装材料的使用中，首次选择镀铝锡合金钢板打造的圆柱形钢桶。1913 年，人们在口香糖的包装材料选择中，第一次选择铝箔，从而显著延长了其保存时间。1933 年，挪威制造鱼酱罐时第一次选择使用铝材。1959 年，美国率先采用铝材来制作易拉罐，这种材料被广泛应用在饮料的包装中。

还有一种具有潜力的金属包装物是软管，从 19 世纪 40 年代起它就被用来装颜料。1841 年，美国画家兰德（Rand）创作了第一根由铅制成的金属软管。1870 年，美国建立了首家金属软管制造厂，并开始大规模地生产锡制软管。1880 年，金属软管在瑞典首次被用作鱼肉酱的包装材料。到了 1892 年，人们开始尝试使用它来装牙膏，之后，柯盖特公司成功制作出了用这种材料包装的牙膏（见图 1–27）。

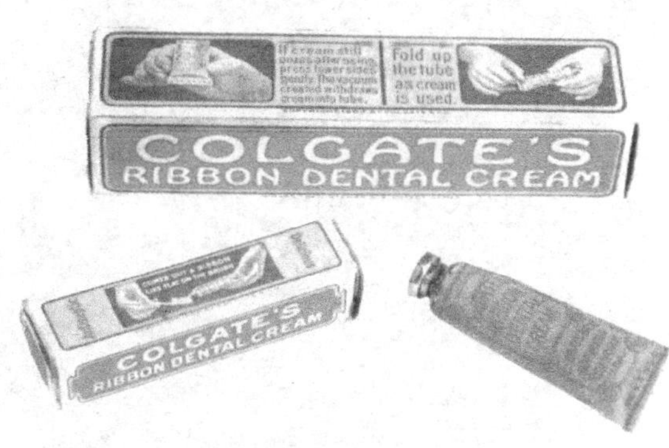

图 1–27　1908 年美国高露洁牙膏包装

19 世纪 50 年代，纸袋逐渐在零售中成为主要的包装物。1852 年，世界上第一个纸袋生产机器被美国的弗兰西斯·华尔（Frances Wall）制作了出来。在之后的 1873 年，这项技术被传播至英国，并在欧洲得到了普及。

19 世纪初期，诸如美国、英国和法

国这样的国家已经开始研发硬纸盒制造技术。在 19 世纪 50 年代的尾声，英国的罗宾逊公司声称它们有能力制造超过 300 种不同规格的纸盒。

硬纸盒的市场需求正在逐渐增加，但这种盒子对于杂货商来说太贵了，而且不可能大批量生产。解决这个问题的有效方法是美国人在 1850 年前后生产的折叠式纸盒，这种竞争力很强的纸盒可以现用现折，其另外的一个优点是存放起来不那么占地方。折叠式纸盒的发明在包装史上占有一个重要的位置。

1879 年，纽约的罗伯特·盖尔（Robert Gale）在纸包装领域取得了令人瞩目的成就，他创造了一种可加速纸盒折叠工序的机器。德国的企业也发明了类似的机器。1897 年，全球大约有 800 项与折叠式纸盒（见图 1–28）有关的专利。

玻璃容器的一个主要优点是消费者可以透过玻璃看到里面的产品，制造商能用模具加工成各种造型复杂的玻璃容器。19 世纪初，玻璃瓶还只限于用来装香水、酱汁和葡萄酒之类的奢侈品，其中的一些产品贴有印刷的纸标签。19 世纪 20 年代，玻璃威士忌瓶的造型已经相当富于艺术性了，如在瓶子上铸造乔治·华盛顿（George Washington）的头像。在英国，受欢迎并使用最久的可能是 19 世纪 80 年代开始使用的装玫瑰牌酸橙汁的瓶子，瓶子的表面用了少量的浅浮雕纹饰，这种瓶子一直用到 1978 年才被塑料瓶所取代。

随着玻璃瓶技术的进步，瓶塞的设计变得尤为关键。从 1872 年海勒姆·柯德（Hailem Curd）研发玻璃瓶塞和内部瓶塞以后，许多人曾试图

图 1–28 19 世纪 90 年代中期西班牙香粉包装

发明更好的塞子，但都没有突破性的进展。1892 年美国人威廉·佩恩特（William Paint）成功地推出了形似王冠的冲压密封的“皇冠盖”。“皇冠盖”的主要优势是使用方便，但其不足之处在于难以再次进行密封。尽管其优点和缺点都比较突出，但是自 20 世纪 60 年代开始，这种瓶盖就已经完全替代了传统的内部螺旋瓶盖，并在啤酒和碳酸饮料中得到了普及（见图 1–29）。

在包装工艺上的一个重要进步是塑料的运用。1868 年，美国的约翰·海尔（John Hale）兄弟创造了塑料，名为赛璐珞。赛璐珞从最初的发明到工业化生产历经 34 年。1880 年，塑料瓶问世。1907 年，人们发明了一种真正的合成塑料，即酚醛塑料，其后加工工艺等几经改革，但塑料的普及在当时受到成本高的阻碍。

在设计风格上，最富有戏剧性的变化发生在 20 世纪初的法国。19 世纪 90 年代，“新艺术”运动首先在法国兴起，该运动极大地促进了包装设计的风格和形式的创新变化。“新艺术”运动对包装设计的影响很大，当时许多新产品的包装都富于“新艺术”特点。以诉诸感官之线条为特征和风格，通常用彩色蜡笔描绘长着卷发的美丽少女和盘根错节的花卉图案。香水和化妆品市场偏好艳丽的“新艺术”风格，尤其是在法国。

在“新艺术”运动中，象征性的表达方式成为其一个显著的表现特点。众多受到该运动影响的艺术家极为青睐使用传统神话人物作为设计元素，以便更好地体现自己设计作品中的隐喻。并且，通过使用此方法也能够有效激发观众的创意思维，加深艺术的展现深度，并提升包装设计的审美水平（见图 1–30）。

20 世纪初是“新艺术”运动的巅峰时期，这一时期设计作品的装饰价值主要体现在对各类曲线状植物图案的巧妙运用和平面化图案与人物的巧妙交织，展现出色彩的高雅和构图的严谨性。以法国新艺术广告设计师马卡（Marca）为例，他在 1900 年设计的浴室肥皂包装继续了他一贯的设计风格。大面积的植物图案非常华美，与这些图案相比，商标和文

图 1–29　1915 年美国可口可乐包装

图 1–30　印有象征性图像的盒包装

字在视觉效果上相对较弱（见图 1–31）。

这个时代的许多包装设计成为经典，至今仍被使用，如蓝箭牌口香糖就是著名的例子。

20 世纪 20 年代，世界上出现了一种与以往极为不同的新风格，并且这一风格在装饰艺术运动的发展过程中逐渐风靡全球。其设计表现语言具有综合性和复杂性的特点，与传统的包装风格有较大不同。这种风格的包装特点主要表现为两种：其一是多种多样的插图方法，包括简洁的、繁复的或是写实的；其二是部分几何图形与亮丽色彩组成的装饰图案（见图 1–32），革除了早期包装设计过于讲究和过分装饰的风格，与今天的一些包装设计的风格非常接近（见图 1–33）。

2. 工业革命后我国包装的发展历程

1840 年之后，资本主义生产模式在我国得到了某种程度的扩展，同时民族工业也开始逐渐崭露头角。然而，我国包装行业的发展却存在明显的不均衡性，仅有几个较大规模的沿海城市生产出了单面瓦楞纸箱、机制玻璃瓶等。在这一阶段，包装设计呈现出一种本土与外国元素共存的状态。

图 1–31　具有“新艺术”典型风格特征的包装盒

图 1–32　英国去污油包装

图 1–33　英国肥皂包装

市场上充斥着大量的“外国包装”和“外国商标”，其装饰元素主要以美女和抽象的几何图形为主导；同时，“国货”的包装通常都会搭配象征吉祥的图案，如龙、凤、鸳鸯、牡丹等。用于宣传爱国精神的商标图案也经常会出现，如钟牌、爱国牌和醒狮牌等，这些图案常见于火柴盒和烟标上。1899 年左右，上海率先引入了当时最尖端的印刷设备，这些设备主要用于印刷烟草相关的包装制品。20 世纪的 20—30 年代，我国的民族工业取得了显著的进步，商品的包装设计领域涌现出了许多优秀的设计作品，它们不仅融合了我国的传统民族元素，还融入了西方的装饰艺术。例如被称为我国第一代装潢艺术家的杭稚英先生，他设计的月份牌广告画以我国传统绘画技法为基础，采纳当时盛行的炭精擦笔肖像画和水彩画技法，并吸纳了美国动画设计师 H. 迪士尼（H. Disney）的多彩设计元素，成功地将中西方的设计风格融合在一起，呈现出鲜艳、活泼和细腻逼真的视觉效果（见图 1–34）。这种风格包装的题材多取自历史故事和现实生活，独树一帜，深受人们喜爱，风行我国及东南亚一带。这种风格与技法也体现在化妆品、药品等的包装设计上。

包装业的发展依托于不同时代经济和科学技术的发展。由于近代中国脆弱的民族资本主义受到来自国内因素的干扰和国际上的挤压，直至 20 世纪 40 年代，我国的包装终未形成独立的体系，某些包装设计甚至还蒙有半封建半殖民地色彩（见图 1–35）。

（二）现代主义设计理念影响下的包装设计

20 世纪 30 年代之后，欧洲和美国的企业中已经建立了专业的设计团队，设计逐渐占据了社会生产的关键位置。在大工业生产普及的背景下，各类工业产品的价格急剧下滑，这使得设计不再只是少数有权势的人所能享受的专利。设计已经渗透到无数家庭中，成为人们日常生活中不可或缺的一环。因此，人们对设计风格的期望也变得越来越高。欧洲 20 世纪 20 年代发展起来的现代主义设计理念具有极大的影响力，在 20 世纪的 30—40 年代之后，世界设计的发展方向在很长一段时间内都受到了这一思想的影响。

图 1–34 杭稚英先生设计的月份牌广告画

图 1–35 20 世纪 40 年代的发蜡包装

现代主义设计理念十分重视设计的功能性，并坚信功能是决定形式的关键。现代主义设计者认为，设计的关键任务是处理功能上的问题，因为功能是所有设计活动的起点。

在这样的思维导向之下，从20世纪30年代开始，许多设计方向得以问世，如更加明确、简洁的设计风格。包装设计的核心是快速识别这一特性，而这也极大地提高了人们对于视觉传达设计和销售中包装所发挥作用的重视。人们普遍认为，包装上存在的所有视觉元素都应该有其独特的功能和作用。在努力去除所有可能影响视觉传达的元素和没有实际作用的装饰物之后，包装上的信息得到了一定程度上的精练，最终表现为品牌、商品名称、商品形象（见图1–36）。

与其他许多设计流派相比，现代主义设计对现代包装发展的影响最大，这不仅体现在设计的风格方面，更主要体现在包装及平面设计观念方面。现代主义设计促使人们重新思考包装作为视觉传达设计及其促销方面的功能，思考与分析包装在现实市场条件下如何充分地发挥其各种功能，在包装设计中融入了市场营销学、消费心理学、价值工程学等多个相关的理论，奠定了现代包装设计及现代包装设计教育的基础。

现代主义设计风格在第二次世界大战后逐渐发展成了有着全球影响力的设计风格，甚至在欧洲与美国成为主导的设计风格。在20世纪的50—70年代，这一设计风格曾广受欢迎，其特点是形式简练，具有很强的反装饰性，并着重于功能性、系统性和理性化的设计表现。在当时，包装的设计思路既简洁又鲜明，具有很高的功能性和非人情化特点。但是，现代主义设计风格从20世纪60—70年代开始受到人们的质疑，其主要缺

图1–36 20世纪30年代英国棉豆罐头包装

陷是设计表达语言单一，缺乏地方性、民族性与历史性，风格冷漠，因而对部分消费者缺少一定的吸引力。人们开始对现代主义设计进行反思，探讨一种更人性化的设计。

这期间，包装的材料和技术也经历了飞速的进步。自 20 世纪 20 年代以后，各式各样的塑料开始在包装领域得到普及，这导致包装材料、容器、工艺技术都经历了显著的变革。1927 年，聚氯乙烯塑料开始进入商品化的生产阶段，并被加工成各种不同类型的桶、罐、袋等容器。1930 年，聚乙烯塑料被引入市场，并开始大规模生产各类容器，这为食品包装创造了巨大的发展空间，并在之后逐步替代了传统的纸质食品包装。1932 年，塑料薄膜实现了真空金属化处理，这为食品的防锈、防霉、保鲜等多种防护包装提供了更为优质的材料选择。

第二次世界大战使以欧洲为主的许多国家再次被卷入战争。当时，许多企业转向战时体制的军工生产。由于战争的影响，20 世纪 40 年代，食物储备不足，食品配给制也随之推出。当时的人们对自然资源进行严格管理，并且包装材料也受到了严格的管控，尤其是在欧洲。在英国，节省原材料的一切可能措施都被采取了——各类产品的标签被缩小，纸盒包装代替了以前的罐装，就连瓶子上的金属瓶盖也被替换为软木塞。在这一时期，各类产品中的繁复包装顷刻消失。有些东西开始无包装出售。随着材料的日渐匮乏，纸盒和铁皮的质量降低了，印刷的油墨被节约使用，这使得许多大家熟识的包装设计被限制成一个符号，颜色也减少了。

20 世纪 40 年代，一种新型的包装——喷雾罐首先出现在美国。20 世纪 40 年代，美国农业部成功研发出了金属喷雾容器，这是喷雾包装技术得以广泛应用的开端。在太平洋战争中，美国首先使用喷雾器。20 世纪 50 年代，喷雾器投入家用。

伴随着泡沫塑料被引入市场，防震包装的材料选择变得更为多样。1950 年，环氧树脂的诞生为包装行业带来了新型的黏合剂和涂层材料，也在很大程度上促使复合包装技术在更加有利的环境中得到进一步发展。之后，各式各样的塑料开始被广泛应用于包装行业，这使得塑料逐渐成为现代包装中材料选择的关键。此外，塑料包装技术也在不断更新和进步，如拉伸包装技术、收缩包装技术、泡罩包装技术等，这些技术的发展使得包装材料和容器有着更为多样的变化。

三、现代包装

在第二次世界大战结束后，商品经济在全球范围内实现了前所未有的扩张。在此期间，现代科技也在不断进步，全球经济步入了大规模生产、广泛流通和高消费的新时代。随着自助式销售模式的广泛应用和企业经营战略的不断改善，消费者对产品的期望值逐渐增加，对于商品包装的要求也显著提高，这标志着包装行业进入了一个新的发展阶段。在过去的数十年中，包装材料对资源和生态环境造成的损害和影响越来越受到人们的重视。绿色和生态的包装设计已经成为包装行业关注的重点。

（一）自助市场条件下的包装设计

20 世纪 20 年代，自助式销售模式首次在美国兴起，并在 20 世纪下半叶逐渐流行。这种销售模式对包装设计产生了深远的影响，这一模式的诞生在很大程度上直接导致了商品销售方式与包装设计的变革。

超市在包装设计上所发挥的作用如下所述：在超市中各商品可以自主选择的销售模式下，商品被放置在货架上并由消费者自行选择，此时的商品包装主要起吸引消费者的作用。因为在这种销售模式之下，消费者不需要询问售货员自己想买的东西，而是自己寻找，所以只有足够引人注目的包装设计才能够在第一时间引起消费者的注意（见图 1–37）。

因为超市货架会将同一种类型的商品摆放在一起，所以这就极大地促进了不同品牌商品之间的竞争。为了能够在众多同类型的商品中脱颖而出，就需要各品牌商对自身的产品包装进行合理设计，以便更好地凸显品牌的形象，从而提高消费者的购买率。

随着市场销售的实际情况发生变化，包装设计需要对包装上的图像、文字等信息进行科学的安排与完美的处理。根据信息的重要性，我们应该对其形象进行一定的差异化设计，从而给消费者带来舒适的视觉体验，以帮助消费者更好地理解和解读该品牌商品的各种信息。在设计过程中，摄影图片被频繁地用于展示包装内物品或产品的外观特征（见图 1–38）。

人们逐渐意识到，不同的信息呈现方式存在着一定的区别，例如，品

（a）

（b）

图 1–37　体现品牌形象的包装设计

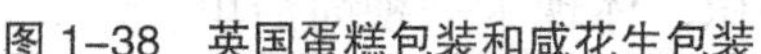

（a） （b）

图 1–38 英国蛋糕包装和咸花生包装

（a） （b）

图 1–39 织物柔性剂包装和染发剂包装

牌和企业标识往往是最关键的信息，因此需要用简明且有特色的方式来呈现。产品形象的展现需要采取最直观和最感性的手法。

在市场竞争日益加剧和人们生活水平不断提升的背景下，现代包装中出现的各类信息在内容和信息量等方面也呈现出明显的增长趋势，这也直接导致产品包装上的信息配置面临着新的挑战。

例如，在包装设计过程中，人们逐渐开始重点关注将包装形象与推广活动的整体视觉效果相结合，并引入与产品广告中出现的形象相关的信息（见图 1–39）。

并且还能够在产品包装上添加一些具有公益性质的广告。例如，美国人就在某款饮料的外包装上印制过失踪儿童的照片，这在寻找这些儿童方面发挥了积极作用。此外，英国和美国曾经在 20 世纪 80 年代中期发起过反对吸食毒品的行动，并在某产品的包装上明确标注了“儿童对毒品说不！”的字样，并在那个时代产生了显著的效果。

人们在 20 世纪 60 年代中期的时候开始格外关注食品的原料成分，结合超市的出现，不同国家的政府开始重点关注包装内食品的各项成分，并对其进行严格的规定，还颁布了各类保障食品安全的法律法规，规定商品的包装上应当对其中的各项成分与所占比例进行详细标注。自 20 世纪 70 年代以后，消费者开始高度关注合理的营养摄入，并希望以此来预防肥胖。因此，就需要商家在产品的包装上明确标注其中的蛋白质、脂肪、碳水化合物等成分的含量，还需要明确卡路里的具体数值。自 20 世纪 80 年代开始，像“糖、盐含量少”或是“不添加人工色素”这样的描述性文字在商品的包装中得到广泛的应用。

这时，包装上也开始印有条形码。在 20 世纪 70 年代初期，条形码首次在美国被印制在商品的包装上，这大大提高了超市的收银效率，并极大地方便了零售商对库存的管理。

20 世纪 80 年代，包装业经过对原来可挤压式塑料瓶的改进，开发出一种防碎裂、重量轻、全新的可挤压式塑料瓶，市场上出现了可挤压瓶装的调味酱，受到了消费者的极大欢迎。由此，为了适应当今快节奏的生活，更多的方便食品得到开发，微波炉的推广使用更促使方便食品的走俏。

20 世纪 90 年代的包装也留下了这个时代的印记，如体现出微电子时代、信息时代等时代特征。1990 年日本的饮料（见图 1–40）包装就体现了这个时代一种简明、精致且内容丰富的创新型风格，并且，也有部分设计师也开始尝试一种名为减少主义的设计方法。比如，在 1990 年的日本某品牌的咖啡包装中（见图 1–41），主展示面上的信息仅涵盖两个方面。其中品牌标准字在包装上极为醒目，属于主体视觉要素。之后便是次要信息，其位于品牌标准字的下方，只占很小一部分面积，体现了一种简洁单纯的设计风格。

（二）注重企业形象的包装设计

20 世纪 50—60 年代，发达国家的企业，特别是美国，开始推行一种新的企业经营策略——企业形象设计与推广计划，英文为“Corporation Identity System”，简称“CIS”。在我国，这一策略被称为“企业形象设计”。

从 20 世纪 80 年代开始，包装设计更加注重企业形象的表现。设计一个包装不仅要解决其自身的形象问题，还要合理解决它与整个系列包装的关系问题，以及包装与企业整体视觉形象的关系问题。因此，现代包装设计不再是传统意义上孤立的点，而是与企业宣传促销计划和企业视觉形象传播相关的一条线、一个面。包装设计必须在企业整个 CIS 计划的指导下进行，这已经成为当今包装设计一个突出的发展趋向（见图 1–42）。

图 1–40 日本饮料包装

图 1–41 日本咖啡包装

图 1-42　可口可乐体现企业形象识别系统的包装设计

CIS 计划指导下的包装设计特点主要体现为，在设计中要运用视觉识别系统（VI）规定的视觉设计要素，包括品牌标志、标准字体、标准色及辅助图形等进行系列化的包装设计。在保证视觉形象统一性的同时，又要保持一定的变化空间。

企业形象设计的推广和普及使得包装设计不再是单纯的艺术表达，而是企业品牌传播的重要工具。企业形象设计与包装设计的结合，使得包装不仅要传达产品的信息，还要传达企业的理念和价值观。这种设计理念的变化，使得包装设计更加系统化和规范化。

（三）后现代主义设计思潮影响下的包装设计

20 世纪 60—80 年代，是西方文化艺术（包括设计）发生巨大变化的时代，新的艺术思想纷纷涌现，各种新的艺术风格、流派互相争辉，人们开始对现代主义设计持一种批判的态度。

在各种流派中，被人们谈论最多的、风行一时和影响最大的是后现代主义设计。后现代主义设计具有相当的复杂性，人们对其也有许多争议。在包装设计中，后现代主义设计更多地表现为一种风格上的倾向性，集中体现在设计语言的多样化、地方性与人性化等方面，后现代主义设计对现代主义设计国际化的单一与冷漠提出了挑战。近年来，设计师运用各种具有幽默、滑稽、怀旧、乡土气息等意味的表现语言来提升包装设计形象对消费者情感上的号召力。例如，在插图风格上常常运用手绘方法，乡土味的设计手法使人感到友好和亲切。人性化设计丰富了设计表现语言，扩展了艺术表现空间，拉近了设计师与大众的距离，使消费者乐于接受。

地方性是目前许多国家的设计师非常关注的问题，在经济全球化发展的背景下，保持一个民族、地域的设计文化个性具有更大的实际价值。日本包装设计在这方面运用了许多东方传统的图形符号，包括文字、书法等表现要素，增强了包装的文化亲和力，提升了消

图 1–43　日本酒包装

图 1–44　意大利某品牌通心粉调料包装

图 1–45　具有幽默风格的饮料包装

费者对本民族文化的价值认同，取得很好的效果（见图 1–43）。西方设计师则从各种历史发展阶段的设计风格中寻找元素并加以解构和符号化处理，形成所谓“新艺术的复兴”“装饰艺术的复兴”[①]等风格，从一定意义上反映出相关国家的地方性文化传统。意大利某品牌通心粉调料包装，其标签和瓶盖上的插图强调了调料配方来自古老的意大利（见图 1–44）。

人性化是 20 世纪 60 年代逐步引起人们重视的一种设计倾向。近年来，设计师运用各种具有幽默、滑稽、怀旧、乡土气息等意味的表现语言来提升包装设计形象对消费者情感上的号召力。例如，在插图风格上常常运用手绘方法，乡土味的设计手法使人感到友好和亲切。人性化设计丰富了设计表现语言，扩展了艺术表现空间，拉近了设计师与大众的距离，使消费者乐于接受（见图 1–45）。

① 王汉辰：《装饰艺术设计》，辽宁科学技术出版社 2017 年版，第 98 页。

（四）环境友好的生态包装设计

现代工业的快速发展在提升人们的生活水平的同时也不可避免地带来了生态环境的破坏。1972 年联合国发表了《人类环境宣言》，拉开了世界“绿色革命”的帷幕，绿色环保理念逐渐深入人心。1975 年，德国率先推出有“绿点”（即产品包装的绿色回收）标志的“绿色包装”，标志着包装行业进入了一个新的环保时代。20 世纪的包装界经历了一场深刻的“包装革命”，环保意识和技术革新成为行业的主旋律。

塑料包装的广泛使用，对环境造成了严重的污染，被称为“白色垃圾”的塑料袋和一次性发泡快餐盒成为环境的杀手。这些塑料制品不但很难降解，而且会对土壤和水资源造成长期的破坏。为了解决这一问题，我国政府采取了一系列措施。例如，我国在 1999 年将塑料饭盒列入淘汰目录，并在 2000 年推广以芦苇、蔗渣、麦草等生物材料制作的环保饭盒。这些新材料不仅可以生物降解，还能有效减少塑料垃圾对环境的影响。

过度包装不仅浪费资源，还给消费者带来了诸多困扰。历史上，一些商人常常利用夸大包装或虚假包装来吸引消费者，这种现象被称为“过度包装”。在现代社会，过度包装不仅浪费了大量的资源，还增加了垃圾处理的负担。因此，减少包装材料的使用量和提高包装材料的回收利用率成为环保包装的重要目标。近年来，高强度、轻便的纸包装箱和高强度、低消耗的纸材料得到了广泛应用，废旧包装的回收利用也逐渐形成了新的产业。

环保型包装的推广不仅依赖于生产制造环节，还需要建立完善的包装物回收处理体系和技术保障体系，同时需要国家制定相关法律法规，并注重全民环保意识的培养。目前，国外对过度包装实施的控制手段主要有 3 种。第一种为标准控制手段，即对包装物的容积、包装物与商品之间的间隙、包装层数、包装成本与商品价值的比例等设定限制标准；第二种为经济控制手段，如对非纸质包装和不能满足回收要求的包装征收包装税，或者通过垃圾计量收费引导消费者选择简单包装；第三种为加大生产者责任控制手段，规定由商品生产者负责回收商品包装，通常可采用押金制的办法委托有关商业机构回收包装。这样，为了便于回收，生产者会主动选择使用材料少、容易回收的包装设计。

最初，环境保护的宣传口号被印在包装上，随后这些口号转变为标志性图形，如回收标记。回收标记由 3 个箭头首尾相接环绕组成，象征废包装回收、回收利用和消费者参与，体现了环保包装的循环理念。欧美市场上的大部分包装已经采用了这种回收标记，标志着环保型包装在市场上的广泛应用。

设计师在环保包装中起着关键作用。他们不仅要在设计中融入环保理念，还要创造具有实际功能和美学价值的包装方案。环保包装主要体现在以下几个方面。

①节约材料与能源：在包装生产过程中，设计师需要选择节约资源的材料，并尽量减少能源消耗。轻量化设计、使用可再生材料和优化生产工艺都是常用的手段。例如，一些

包装设计采用轻质、高强度的材料，既能保证包装的强度，又减少了材料的使用量。

②提高回收率和再生产率：设计师应优先选择易回收的材料，并考虑材料的再利用性能。例如，PET[①]塑料瓶因其高回收率和再利用率，成为饮料包装的首选材料之一。同时，设计师还需考虑包装的拆解性，使消费者能够方便地分离不同材料，便于回收。

③便捷的销毁方式：环保包装应易于销毁，避免对环境造成二次污染。可降解材料和可堆肥材料在这方面具有显著优势。例如，生物降解塑料和可堆肥纸制品在自然环境中可以迅速分解，减少垃圾填埋的压力。

第四节　包装设计的发展趋势

一、以绿色观念为导向的包装设计

现代工业为人类创造了舒适的生活方式，同时也加速消耗了地球上有限的资源与能源，破坏了原有的生态平衡。特别是西方设计界提出的“有计划的商品废止制度”[②]，不断以设计手段促使产品样式更新，诱导消费者奢侈浪费、重复消费，还加剧了人类社会的环境和资源矛盾。

20 世纪 80 年代，设计界发展起来的绿色设计观念正是设计师对环境污染、生态恶化、资源短缺等日益严重的社会问题的回应。绿色设计观念提倡人与自然环境的和谐相处，主张资源节约，追求可持续发展。起初，绿色设计观念显得有些突兀，但随着自然环境的日益恶化和各种资源的日益稀缺，这一设计观念逐渐为人们所接受，并在当今成为人类社会的普遍共识。

从包装业发展角度看，遵循绿色设计观念的“绿色包装设计”不仅是一种时尚潮流，而且成为国际包装业未来发展的基本原则之一。“绿色包

① PET，即聚对苯二甲酸乙二醇酯，化学式为 $(C_{10}H_8O_4)_n$，是由对苯二甲酸二甲酯与乙二醇酯交换或以对苯二甲酸与乙二醇酯化先合成对苯二甲酸双羟乙酯，然后再进行缩聚反应制得。属结晶型饱和聚酯，为乳白色或浅黄色、高度结晶的聚合物，表面平滑有光泽，是生活中常见的一种树脂，可以分为 APET、RPET 和 PETG。

② 黄厚石：《新编设计批评》，东南大学出版社 2022 年版，第 430 页。

装”是指对生态环境与人类健康无害，能够重复使用和再生，从包装原料的选择、制造到使用及至废弃的全过程均不对人体或生态环境造成公害的适度包装。包装的设计观念、材料和技术研发、包装生产以及包装消费模式的转型都将围绕着可持续发展的要求展开。同时，随着包装产业链的更新发展，“绿色包装”概念被注入了更加丰富的内涵。

具体来说，绿色包装应符合如下几个方面的要求，即被世界公认的 4R（reduce，reuse，recycle，recover）和 1D（degradable）原则。

（一）包装材料减量化（reduce）

目前，我国包装行业中依然存在着过度包装现象。随着包装相关法规的逐步健全及消费者意识的转变，此种现象必将得到缓解。同时，包装技术的革新为材料的减量化带来了积极的影响，更轻、更薄、更环保的材料可以节约大量的包装材料。

（二）包装的重复利用（reuse）

有效的设计以及选择合理的包装材料可以使包装多次重复利用，这是有效遏制资源浪费的方式。比如，玻璃包装器皿在经过了回收和清洁程序后可再次利用，一些复用型设计也使包装在使用之后可以具有新的用途。事实上，我国的文化中本来就有勤俭节约、废物利用的传统，劳动人民在生活中也积累了许多重复利用包装的方法。只要设计者从环境保护的角度出发，认真思考，广泛汲取经验，必定可以设计出受广大消费者欢迎的复用型包装。

（三）包装的循环再生（recycle）

回收包装废弃物能够生产再生制品，焚烧产生的热能也使包装能够通过回收达到不污染环境且重复使用的目的。目前，废纸的再生利用已经形成了一个良好的循环，利用再生纸制成的包装箱、家具、卫生材料、建筑材料等产品，可以再次造福人类。除纸张外，玻璃、木材、塑料等包装材料也可以通过不同的方式再生。如何提高包装物循环再生的比例与工作效率，既与包装材料相关，也与包装设计者相关。只有在包装的每个环节进行合理的改进，才能推动包装材料的循环再生。

（四）包装的回收（recover）

包装的回收是指通过焚烧获取能源和燃料的资源再生。优先选用可回收再生材料，以提高资源利用率。通过回收废弃物，生产再生制品、焚烧利用热能、堆肥化改善土壤等措施，达到再利用的目的。这种方法既不污染环境，又可充分利用资源。

（五）包装废弃物的腐化降解（Degradable）

对于不可回收利用的包装废弃物，绿色包装设计主要采取腐化降解的方式。放眼世界，发达国家均重视发展利用生物或光降解的包装材料。

20 世纪 90 年代以后，对“绿色包装”的认识已经拓展到“生命周期分析”方法，强调包装从原材料选择到废弃物处理的全过程都纳入系统的、全面的、科学的分析比较程序，以综合评价包装的环境性能。同时，对包装材料和生产过程中关于人体和生物的健康安全要求更加严格，有毒物质的限量范围得到了进一步规范。通过各种法律法规的颁布实施，将包装的安全、环保等理念纳入严格的法制管理过程中。

如今，包装设计界大力倡导符合节能、环保、低碳、可持续发展的设计原则，提倡环保与可二次使用的包装方式，并在产业链的源头植入“绿色发展、循环发展、低碳发展”的环保设计理念。

二、以合理原则为导向的包装设计

“合理”即“适当”。以合理原则为导向的现代包装设计已成为包装发展的主流之一，它推崇的是最合理的包装结构、最精练的造型、最低廉的成本。合理化包装设计的具体内容与方法如下。

（一）包装材料的可循环利用设计

包装材料的选择是合理化包装设计的重要组成部分，也是实现绿色包装要求的主要环节。因此，在形成包装设计方案之始，设计师应充分考虑包装设计的材料选择，尽可能地使用能够被循环利用的原材料，并通过对材料使用过程以及回收方法的综合考虑，把包装材料纳入可循环利用的轨道中，从而达到减少资源消耗、增加材料综合使用价值的环保要求。有的设计者为了提高包装的档次，刻意使用贵重的材料。有的厂家也常常对设计者提出这样的要求。实际上，商品的档次更多的是来自商品的质量与口碑以及设计的创意。不当使用华丽贵重的材料，只会造成不可再生资源的浪费，并助长铺张浪费的风气。

（二）包装结构的模块化设计

包装结构的模块化设计既要求结构设计尽可能地将可回收与不可回收的材料采用易于分拆的方式设计，以便分门别类地加以处理，又要求包装分拆结构中的各个部分得到合理的重复使用，减少污染，以此提高包装的生产效率，扩大包装的适用范围，减少材料浪费，节约人力。事实证明，合理的模块化设计必将为大规模的包装生产提供重要帮助。

（三）符合环保要求的包装信息设计

包装承载着大量的信息，不仅包括产品品牌、产品品质等基本信息，还应包含对绿色环保理念的宣传以及产品安全性标准的标注。对于此类信息的传达，世界各国都制定了严格的规范制度，对环保及安全性的各种标识也提出了进一步的要求。这不仅有利于加强消费环节到废弃物回收环节的环保功效，还是对广大消费者的宣传教育。作为设计者，应该按照有关规定，在设计中通过文字、标识和图形等将有关信息准确表达，引起消费者的注意，而不是为了经济利益刻意使相关信息传达不清。

三、以高新技术为导向的包装设计

如今的包装设计越来越讲求科学性、系统性、操作性和指导性。爱因斯坦曾指出：“科学是一种强有力的工具。怎样用它，究竟是给人类带来幸福还是灾难，全取决于人自己，而不取决于工具。”[①] 发端于近代社会的科学技术以及由科技革命引发的产业革命给人类社会带来了翻天覆地的变化，也带来了前所未有的风险与危机。人类面对已经形成的生态危机而进行努力，既需要更新价值观念，以追求人的全面、可持续的发展为目标，又需要围绕这一目标进行高新技术创新。

“减量化、低排放、再利用、资源化”[②] 是包装产业获得可持续发展的重要基础，也是创新发展的基本原则。合理运用高新技术成果与促进高新技术发展成为包装产业创新的重要组成部分：一方面，合理地运用当前的高新技术成果，促进包装产业技术、产业管理水平的升级；另一方面，不断变化的包装观念对高新技术的创新发展提出了新的要求。

以高新技术为导向的包装设计创新，主要体现在以下两个方面。

（一）包装材料创新

运用现代高新技术，创新研发可循环利用的包装材料，是包装业创新发展的重要步骤。运用现代高新技术一方面体现为对现有包装材料循环利用所需的综合技术进行研发和创新。比如，包装设计中大量使用的纸材是导致大片森林被砍伐的重要因素。目前，废纸回收以及纸制品的再利用日渐成为人类社会的共识，而相应的回收、再利用技术的研发仍有

① 郭国祥：《当代中国先进文化建设规律研究》，湖北人民出版社 2005 年版，第 244 页。

② 杨浩婕：《产品包装及其在低碳经济下的新发展》，吉林摄影出版社 2019 年版，第 139 页。

待进一步拓展。另一方面，符合生态保护要求的新型包装材料的研发也成为创新包装材料的重要命题。比如，卡吉尔道公司开发了一种名为自然系的可分解包装材料，以玉米为原料进行牛奶包装，并在广告语中提出“我们靠奶牛挤奶，靠大地种出这些瓶子”。

（二）包装生产工艺创新

包装生产过程中机械设备运转所带来的碳排放、废弃物污染，包装印刷程序中使用的各种覆膜和化学有害物污染，这些都是包装生产工艺创新需要解决的问题。数字化、自动化技术以及先进智能系统在包装生产过程中的应用，满足了产品质量全程监控的适时检测需要，提高了成品率和产出效率，并有效地降低了能耗。信息技术在包装印刷领域的运用，促进了个性化、数字化、可控化等重要功能的实现，如采用 CIP3/CIP4 技术[①]、计算机直接制版（CTP）技术和色彩管理技术等，有效地降低了试印纸张以及废品的数量，达到了高效、环保的双重功效。印刷油墨选择无害或低害的水性油墨或大豆油墨、印刷版材选择免冲洗式版材、润版液选用无醇或低醇的润版液等，这些都使包装印刷技术不断提高。

四、以多样化需求为导向的包装设计

文化多样性是人类社会的基本特征，文化多样性的需要是激发人类创造力的源泉。因此，对于人类文化多样性的尊重以及需求多元化的满足必然成为未来人类社会发展的重要趋势。从包装业发展角度看，人类文化的多样性为包装的创新发展提供了丰富的文化资源，同时对包装设计发展提出了新的要求：基于可持续发展的“绿色包装”原则，进一步发挥人类文化传统以及不同地域文化在包装设计观念、材料运用以及生产技术等方面的经验，实现包装设计的生态化、个性化、人性化创新发展。

多样并存与差异共生是自然生态和人文生态得以平衡发展的基础。包装设计的生态化发展不仅体现在对自然生态的保护方面，还包含对人类文

① CIP3 技术是为联结印刷工作的每个环节——即从客户服务到发货——而设计的。CIP3 代表印前、印刷和印后的一个国际联盟，联盟的全名为“International Cooperation for Integration of Prepress, Press and Postpress”，简称 CIP3，联盟的成员来自代表着不同印刷工序的公司，从印前到装订都包括在内。CIP3 联盟和 JDF（Job Definition Format）联盟于 2000 年 7 月 14 日达成协议合并成为 CIP4 联盟，联盟的全名在原来的 3 个 P 之外再加了 P——“Process（制程）”而成为“International Cooperation for Integration of Processes in Prepress, Press and Postpress”。

明发展过程中所形成的人文生态的尊重和理解，必须将这种凝聚着人类生存智慧的观念或形式转化为包装设计创新发展的源泉。

（一）回归自然的质朴设计

使用天然材料，以看似“未加工”的形式进行包装设计，使产品形成回归自然的质朴感觉。还可以借助自然生物的样态、结构、功能进行提炼、模仿甚至再创造，形成仿生设计，使包装材料或形态取之自然，又回到自然，与自然环境有机地融为一体。在新技术、新材料不断涌现的当下，回望传统工艺中那些天然环保的材料，再次发展与利用同样是一种创新。自然天成的材质给包装带来的不仅是工艺上的环保，还有着自然质朴之美，是艺术与技术的结合（见图 1–46）。

（二）富于情感的怀旧设计

对人类文明进程中某一种观念或某一种风格的复兴始终贯穿文明发展的过程中。对某个时代的象征性或典型性符号、色彩、样式进行再现、拼接乃至混搭、更新组合，总是能够从不同层面激起人们对往昔的怀念，并唤起人们潜意识中丰富而微妙的情感体验，赋予包装设计一种对传统文化的追怀之情。在这个强调创新的时代，创新并不意味着抛弃传统

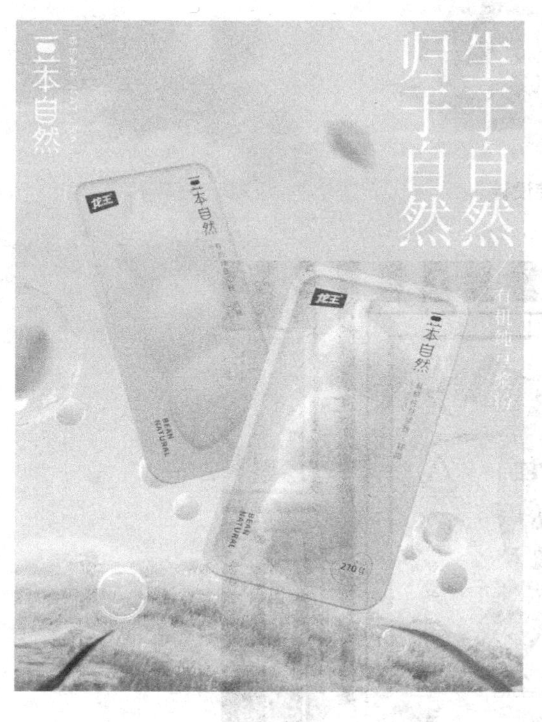

（a）

（b）

图 1–46　龙王有机豆浆粉包装设计

和历史，怀旧也不是一种落后的表现。怀旧在某种程度上意味着我们在发展的过程中遗失了一些珍贵的东西，只有不断地回望才能不留遗憾（见图 1–47）。

（三）突出民族、民俗特征的地域性设计

每个民族生息繁衍的自然环境与社会环境千差万别，这种差异形成了各自不同的民族特征与文化内涵。将文化多样性特色通过包装设计展现出来，这是传播地域文化、民族文化的有效途径，也是包装设计得以创新发展的重要方式（见图 1–48）。

图 1–47　喜卤派对卤味零食包装设计

图 1–48　月饼包装设计

（四）经济简约的时尚设计

摒弃繁复的材料堆砌，注重包装材料的经济性，减少不必要的包装加工工艺或印刷工艺，以生动、清新、明快的色彩或造型设计吸引消费者的注意，传播品牌形象，这不仅符合“适度包装”的环保要求，还与当今快节奏的时尚生活方式相契合（见图 1–49）。

图 1–49 可持续零印刷功能饮料包装设计

五、以个性化需求为导向的包装设计

主张个性自由的后现代思潮引领了当今社会尊重个性、追求个性张扬的时尚潮流，也使消费文化呈现出多元化的发展趋势。设计师的标新立异、生产商的差异化竞争以及消费者的个性差异共同铸就了包装设计个性化的发展趋势。高科技和时尚成为其创新发展的推动力。在包装设计中，个性化可以从以下 4 个角度加以表现。

（一）满足细分群体需求的小众化设计

消费群体的个性化需求使细分市场趋向多元并存的小众化形态，同时对产品丰富的情感意义以及内涵表达的多层次、多角度的要求使与产品相得益彰的包装设计呈现出与之相适应的小众化倾向。小批量、手工制作、定制化、品牌化甚至单件数码印刷等，这些都在一定程度上满足了细分化市场的小众需求（见图 1–50）。

（二）形式丰富多样的参与型设计

对包装结构的组合设计、包装材料的巧妙运用使包装能够在完成其使用功能之后，还

图 1–50 小众化咖啡包装设计

可以通过消费者的参与加工成为具有新的功能或新的形式的其他物品，从而延长包装材料的使用寿命，满足低碳环保的要求，并为消费者带来全新的创作乐趣和愉悦感受，如包装部件的可分拆结构就可以在一次性包装使用后成为新的生活用品、装饰品或者办公用品（见图 1–51）。

（三）注重文化品位的艺术性设计

对文化品位的艺术性追求是当今时代消费观念发展的重要特征。因此，包装设计多通过表现经典艺术风格、民族艺术元素或者民间装饰韵味，形成个性独特的艺术创意，从而将产品的形态、风格、文化内涵等因素相得益彰地纳入包装设计中，使包装的外在形式与内在含义相吻合，使产品与包装共同成为具有观赏价值和收藏价值的“艺术品”（见图 1–52）。

（四）引导前卫潮流的时尚包装设计

前卫潮流的时尚变化体现了时代消费观念在不断更新发展中的活力，

（a）

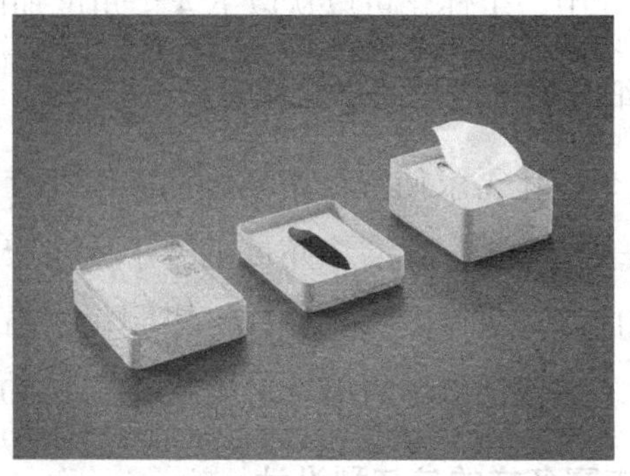

（b）

图 1–51　可再利用的大米包装设计

图 1–52　一代佳人草本发酵酒

以及人们追求文化精神价值的愿望和要求，尤其是处于时尚前锋的年轻消费群体对包装引导观念和风格的创新发展起到了积极的作用。因此，包装的时尚化设计基于绿色环保要求，结合高新技术成果而形成的新形态、新样式以及新的实用功能都将引领包装设计的创新发展（见图 1–53）。

六、以人性关怀为宗旨的包装设计

人性化设计是在设计中强调对人类精神层面的全面关怀。一方面，它逐步提高了对人类生存舒适性、安全性、便捷性的关注和重视，如对老年人、儿童、残疾人等弱势群体的体恤和关爱。通过对包装使用方式、使用过程的深入分析，创新出更加符合舒适、安全、便捷要求的包装设计；另一方面，它赋予所生产的产品以情感或意蕴，使人们能够从设计中体会到精神的愉悦与情感的满足。

（一）规范日趋严格的安全性设计

随着环境污染和各类化学品泛滥的社会问题日益严重，包装对安全性的重视和规范要求日益升级，并成为生产生活的重中之重。因此，包装设计应充分考虑包装材料、包装形态以及包装使用过程的安全要求，全面、周到地确保包装的使用安全。同时，结合绿色环保要求，注重包装废弃物的回收及再利用环节的安全性。目前，很多国家已经出台了关于包装安全性的相关法律法规，甚至以强制性执行的严格要求来确保包装的安全性指标。因此，在包装设计过程中，设计师需要全面而深入地了解包装材料和工艺的安全性要求，尤其是在包装结构设计和使用方式的设计上应更加广泛地考虑使用者及其环境的安全需求。例如，食品包装材料污染食品的可能性、药品包装对药品性能的稳定性影响等（见图 1–54）。

（a）

（b）

图 1–53　可溶解香水包装

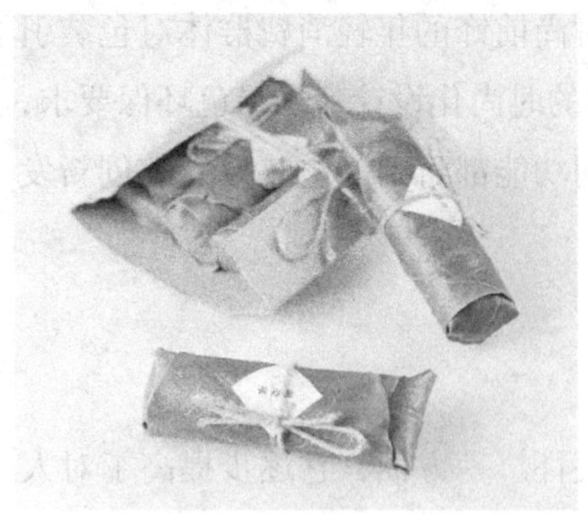

图 1–54　石古坪茶概念包装

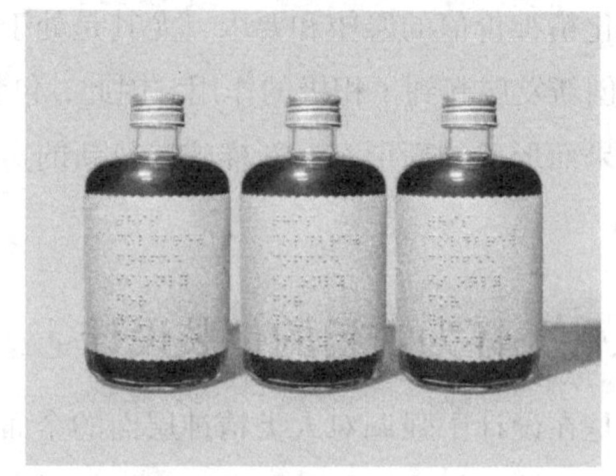

图 1–55　冷萃咖啡外包装

（二）关注特殊群体的针对性设计

随着社会文明程度的提高，专门针对老年人、儿童、残障人士等特殊群体的设计得到广泛关注，并且随着社会文明程度的提高而不断发展。因此，针对这些特殊人群的生活习惯、生活方式以及情感需求所进行的系统设计研究逐步得到社会和设计界的更多关注，并成为包装设计发展的一个重要组成部分（见图 1–55）。

（三）基于使用方式的服务性设计

产品从研发设计到使用以及回收周转已经成为一个完整的系统，其中消费者的使用方式关系到整个系统的各个环节。服务性设计要求设计者充分了解消费者在使用过程中的生理和精神方面的需求，注重过程的体验和感受，将单纯的形态设计上升到注重包装使用全过程的系统化设计的高度（见图 1–56）。

（a）

（b）

图 1–56　鞋盒包装设计

除了上述特征，基于产业链更新发展的战略要求，未来的包装设计创新还需要跨地域、跨领域的合作平台。一方面，经济全球化的进程已经将包装业的发展置于一个国际化平台之上，国际合作势在必行；另一方面，涉及原材料开发、生产流程、销售与消费以及废弃物处理等诸多环节的包装产业必须依托相关产业领域的技术创新来达到整体创新的目的。

第五节　包装设计的程序

包装设计的程序实质上是一个缜密的问题解决过程，其核心环节包括深入的问题洞察与分析以及提出并实施持续优化的解决方案。

一、策划阶段

企业的产品不是为设计师或企业的个人生产的，而是为特定范围的消费者生产的。因此，包装设计必须针对消费者的意愿和市场情况展开，否则设计只能是无的放矢。

从营销的角度讲，包装是否具有销售力是十分关键的，而这种销售力不是凭空想象或闭门造车就能得到的。包装与销售环境、目标消费群体以及包装内容密切相关，是产品展示与市场推广的重要环节。为确保包装设计的精准性和有效性，设计人员需深入理解并把握以下几个方面：一是明确包装所属产品类型，明确其市场定位与功能特点；二是确定包装是否存在特殊需求，如防伪、环保等要求；三是突出包装设计的独特之处，凸显产品特色，提升市场竞争力。

（一）收集资料

1. 包装的内容（产品）

了解产品的商标牌号、品牌和档次，明确其是否为知名品牌产品或较有名气的品牌产品，以及其是属于高档产品还是属于一般的中、低档产品。

明确产品属于哪一类型，如文化用品、化妆品、食品或五金产品等。

了解产品的特性，包括其物质状态是气体、液体还是固体。如果是固体，则需深入探究其材质属性，以及重量、体积、外形等物理特征。还需评估其是否易于受潮、变质，以及是否对光照和化学反应敏感。

了解产品的生产企业的历史沿革，并与同类产品进行对比分析，以明确其优势。此外，还需确定该产品是老产品的改良版还是全新产品。

在销售环节，需明确产品的价格定位及包装容量，以确保市场策略的合理性与有效性。

2. 消费层

在市场营销过程中，策划者要密切关注特定或主要消费群体的性别构成、文化层次、职业分布、年龄层次以及民族背景。同时，对消费需求的变化趋势和动向进行深入研究，以便及时调整市场策略，满足消费者的需求。准确把握这些信息将有助于策划者更好地制定营销策略，提高产品的市场竞争力。

3. 销售地点及方式

了解产品的销售地点和方式。从营销方式来看，可划分为专卖店、普通商场、批发市场和超市等；而从宏观的地域分布来看，需了解其销售网络覆盖的特定地区。

了解上述情况是进行成功设计的开始。仅依靠收集一般的相关资料进行市场调研的前期准备工作是不够的，还必须进行深入的市场调研。

（二）市场调研分析

1. 确定市场调研目的

为确保市场调研的有效性与针对性，必须紧密围绕产品及其包装的营销特性来明确调研目的。针对已有产品包装的扩展或改良，调研的核心目的在于深入剖析改良的可行性、探索切实可行的方法与方向，并阐明改良的必要性。而对于即将推出的新产品包装，调研则聚焦于产品包装的市场接受度及潜在市场容量，为产品的顺利推出提供决策依据。

2. 选定市场调研对象与内容

考虑到客观环境的限制，进行大规模样本采集存在较大难度。即便能够成功收集到大量的数据，进行数据的整理和分析工作时也将面临巨大的挑战。因此，在调研工作开始之初，必须精心挑选合适的市场调研对象和内容，以保证调研工作的科学性和精确性。

调研一般要经过深入研究和探讨，依据产品的独特性质，采取科学的抽样方法，从广大潜在消费者中精心挑选出一部分代表性人群，对其进行深入细致的调研工作。这一举措旨在确保调研结果的全面性和准确性，进而为产品的后续推广和市场定位提供有力支持。例如，日本三得利公司在调研时根据竞争对手及啤酒产品所具有的特性，将调查对象（可能消费者）的主体定为以下 3 个群体：中壮年上层人士、思想活跃的人、快乐的青年人。

调研内容一般包括以下几个方面。

（1）产品的基本情况

产品的基本情况，应当涵盖自身产品以及市场内同类产品的各项要素。这包括但不限于品牌形象与包装的优劣评价、产品价格的市场定位、消费者对于产品质量的信任度，以及产品的销售方式和渠道。同时，还要考察产品在市场上的好感度与知名度，以及其对品牌形象的长远影响。

（2）消费者的基本情况

消费者的基本情况，应涵盖其年龄层次、消费水平、经济来源、对产品特性的接受度以及文化教育背景等诸多方面。

（3）市场的基本情况

市场的基本情况，包括竞争对手的概况、市场的特色及市场的发展潜力等多个维度，均需进行深入分析。

3. 市场调研方法及总结调研结果

开展市场调研是一项严谨的工作，需要运用科学的方法和手段。为了保障调研结果的精确性和实用性，通常会选择那些既具备实际可操作性又方便执行的方法。在选择这些方法时，要综合考虑调研的具体目的、时间限制以及预算等要素。对目标消费群体进行填表或问答形式的调研，已成为业内普遍采用的一种有效手段。调研的人数根据要求与经费情况而定，少则 20 人，多则 200 人以上，被调研者一人填写一张表格（亦称样本）。调研的人数越多，调研的结果越具有客观性。

还可以从设计师的视角出发，深入市场调研，以搜集相关的资料。例如，采取对销售人员、消费者的现场访谈、电话访谈或者网上调查等方法。

要在深入调研消费者需求、市场发展趋势等关键信息的基础上，整合分析所得数据，撰写全面的调研报告。此报告不仅要客观总结调研的核心内容，还要针对设计过程中需要解决的核心问题和相应方法提出明确的建议和结论，从而为决策提供科学、可靠的依据。调研报告要观点明确、简明扼要。

二、创意设计阶段

经过市场调研和产品资料分析后，我们可以进一步着手进行创意与设计。创意设计阶段是整个包装设计的重要阶段，是设计的灵魂。为了确保创意设计的质量、优势及效率，一般受委托的设计公司或单位通常会根据设计项目的具体情况组成设计小组，并做出具体的分工。

在此阶段，设计小组尽可能发挥团队组合的创意设计优势，设计师要尽量提出多种设想方向、计划和设计方案，包括表现手法、要达到的效果及采取的具体措施等。在此阶段，设计师应以文字描述为主要手段，辅以草图绘制，清晰传达包装的核心理念及设计构思。草图需精准展现包装的主体形象、文字与图形的组合方式以及整体结构。经过设计小组的不懈努力和对设计草图的深入研讨，最终筛选出最佳创意设计方案。

三、设计表达与执行阶段

设计表达与执行阶段是包装设计程序中的关键阶段，这个阶段是对创意设计方案进行具体化的表现与实施，对方案进行不断的研讨、修改、完善。具体的步骤包括以下几个方面。

（一）设计构思图的表达

在所有的构思创意草图中筛选出合适的方案，并依据成品的尺寸或者相应的比例关系进行细化和完善，尤其要充分表达各个细部的处理。这一过程要确保设计概念的完整传达，并为后续工作提供坚实的基础。

（二）设计表现元素的准备与确定

设计元素的准备主要包括3个方面的内容：一是文字部分，主要包括品牌字体、广告语及功能性说明文字。二是图形部分，根据设计构思的不同，如包装内容物的摄影图片、抽象绘画图形或者个性插图等，应选用适当的设计表现手法，由相应的人或部门来完成。三是包装结构设计部分，对于纸盒及瓶型的开启方式包装，应该画出相应的结构图，以便设计的进一步展开。此外，还包括产品的商标、标识等相关的视觉符号设计，以备后期工作的应用。

（三）设计方案的具体化表现与提案

这个阶段主要是将准备好的文字、图形、色彩等设计元素，依据设计创意构思，通过计算机软件转化为电子文件表现出来，然后再不断地调整与处理，最终形成与实际效果接近的方案图。然后将这些设计方案以平面效果图的形式打印输出彩色样式，并以此平面效果图与设计策划部门进行提案说明，根据包装设计的相关依据选出适合的方案，并提出修改意见。

（四）立体效果图稿提案

对选出的部分较理想的设计方案进行深入展开设计，应用专业设计软件制作出产品包装实际尺寸的彩色立体效果图。设计师可以根据制作出的立体效果图来检验设计方案的不足，再进行修改完善后提交相关的设计策划部门。

（五）确定最终方案

在上述工作的基础上，设计策划与相关部门对设计方案的图稿和包装立体效果图再次进行审阅、评估、选用后提交给客户。为了优化设计方案，企业一般可选用部分包装设计图纸进行小批量印刷，然后投放市场试销。经过一段时间的试销，根据市场与消费者反馈的信息，从中确定一种包装或根据反馈的意见进行改进设计后，再正式大批量生产销售。

第六节　包装设计的定位

定位，英文为“position”，即“把商品定位在未来潜在顾客心中”[①]。包装设计，即通过市场调查获得各种有关商品信息后，反复推销，在正确把握消费者对商品与包装需求的基础上，确定设计的信息表现与形象表现的一种设计策略。设计定位强调设计的针对性、目的性及功利性，确立设计的主要内容与方向。其准确与否将直接影响到包装设计与商品开发的成败。所以，在包装设计前期明确有效的定位是非常必要的。包装设计的定位可以从以下几个方面了解。

一、产品定位

“产品定位”，其要解决的是“卖什么”的问题。“产品定位”涉及产品利益、大小、价格、性别属性、包装、颜色、名称、服务、口味、用途、生活形态、效用、独特性、使用者及与各种竞争产品之间的关系，以及产品生命周期的策略点等。产品定位的基础是确定产品的类型和所属行业的特征。产品定位具体可以分为产品特色定位、产品产地定位、产品档次定位、产品使用时间定位、产品用途定位等。

① 张满菊：《绿色生态理念下包装设计研究》，吉林出版集团股份有限公司 2020 年版，第 176 页。

（一）产品特色定位

产品特色定位的核心在于凸显产品的独特性。企业应以产品所独具的特色为基础，构建一个与众不同的推销亮点，并将这一特色与同类产品进行比较，突显其差异化特点，进而将这一差异作为设计的重点。这一差异化特点就是产品的特色。

（二）产品产地定位

产品产地定位指的是突出有特色的产地，以表示产品的特质与正宗，强调原材料由于产地不同而产生的品质差异。突出产品的产地，实质上是对其品质的一种明确背书。产地不仅是产品的地理标志，更是品质承诺的体现。旅游纪念品、土特产品，酒类商品的包装设计比较容易出现体现产地的定位方法。如东北的山货、烟台的海货等，用带有产地风景的图形作为背景，突出产品的特质和正宗。

（三）产品档次定位

不同品牌在消费者心中因价值差异会形成不同的市场定位。品牌价值是一个综合性的体现，涵盖了产品质量、消费者的心理感受以及多种社会因素，如文化传统和价值观等。高档次品牌通过高价位展示其独特价值，这种价值不仅体现在产品本身上，更体现在为消费者带来的优越感和自尊心的提升上。产品档次的划分不仅反映了产品的实物价值，更体现了其附带的非物质价值，为消费者带来更高层次的心理满足。高档次的品牌定位充分彰显了消费者对产品的广泛认同与高度信任，同时也传递出产品卓越品质的核心信息。针对不同营销策略和实际应用场景，企业应设置差异化的精准的设计定位。在包装设计上，要确保内外品质一致，精准展现产品的档次定位，以展现产品的独特魅力和价值。确切地说明产品的身价，与产品的身份符合，系列包装也应针对档次差异设计出不同的包装，风格统一，但仍能分辨出产品的档次。

（四）产品使用时间定位

同类产品在不同阶段所展现的不同特点，对于定位设计的决策具有至关重要的参考价值。特殊商品的需求决定了产品的使用时间定位，如特殊纪念日、奥运会专用的饮料包装及纪念品包装等，化妆品根据使用时间分为早、晚、春、夏等不同类型，根据特定时间来进行商品的包装定位。

2014年巴西世界杯期间，官方指定啤酒品牌百威啤酒推出了金色铝瓶包装的限量版啤酒，并借助一系列营销活动积极地参与到这场世界上最盛大、最令人激情焕发的体育盛事中（见图1–57）。

图1–57 金色铝瓶包装的限量版百威啤酒包装设计

（五）产品用途定位

针对产品特定用途进行精准定位设计，是市场营销中一种有效的推广策略。深入了解并准确把握不同专门化用途的市场需求，更精准地了解消费者的购买心理，明确产品的用途，突出产品的用途，是包装设计中最为直观的一种定位方法。

二、消费者定位

在产品的定位中，设计者要充分了解目标消费群体的喜好和消费习惯，使产品的包装设计方案具有针对性，使消费者能透过包装对商品产生亲切感。消费者定位还可以细分为社会层次定位、生理特征定位、心理因素定位。在包装设计定位工作中，设计者要高度重视消费者的生理特征差异，将其作为确定包装定位的关键考量因素之一。同时，还要深入调研消费者的社会阶层状况，根据不同社会阶层的背景特点进行精准定位。此外，消费者的心理因素也具有极其重要的意义，设计者应当全面分析各阶层消费者的生活方式和心理特征，科学规划并综合考虑消费者定位的包装设计，以满足消费者多元化的需求。

三、品牌定位

“品牌”在营销和设计领域占据重要地位，是企业在消费者心中建立独特地位的关键。品牌定位基于产品或产品群，成功定位后，品牌作为无形资产可独立展现其价值。品牌与消费者有深厚的情感联系，其不仅能提升产品价值，还能代表公司的形象和信誉。随着经济的发展，商品包装设计的角色发生了重大转变，从单一实用功能扩展到营销层面。对于广大商家而言，优质的包装设计已成为塑造品牌形象、提升市场竞争力以及有效传递品牌价值观的关键工具。

在品牌知名度较高的商品中使用品牌定位是非常有效的。首先要明确告知消费者“5W”，即Who（谁）、What（说了什么）、Which（哪种）、To Whom（向谁说）、What

（有什么效果）。在包装形象上，突出品牌的视觉形象、商标、品牌字体等，如可口可乐的红色与百事可乐的蓝色，麦当劳的“麦当劳大叔”与肯德基的“山德士上校”等。总之，品牌定位表现的是商品的品牌，突出的是品牌形象和品牌的意识。

四、综合定位

除了以上 3 种基本的设计定位，还有价值定位、服务定位、概念定位，情感定位、文化定位等定位方法。随着经济的蓬勃发展和商业模式的不断创新，产品和市场的定位需要根据具体情况灵活调整。设计主题也可以融合多个方面的元素，以增加吸引力和多样性。在进行综合设计定位时，重要的是保持各个元素之间的和谐与协调，防止相互之间的冲突。同时，突出表现的核心点也是至关重要的。过多的重点会导致缺乏焦点，而没有重点则会使内容显得空洞，这两种情况都会削弱设计定位的效果。因此，在设计过程中，明确并突出表现的重点是至关重要的。包装设计的定位，作为品牌与消费者沟通的战略性指引，对于确立品牌形象、传递品牌价值观具有举足轻重的作用。没有明确地定位，任何设计都是没有目的的，应根据不同产品具体分析，具体对待，适当运用，准确表现。

第二章

包装的材质、造型与结构设计

优秀的包装赋予了产品外在视觉形象，同时在包装的材质、造型与结构设计方面都极为讲究。本章主要从 3 个方面对其进行阐述，分别是包装的材质、包装的容器造型设计和包装的结构设计。

第一节　包装的材质

一、纸包装材料

在当前的包装行业中，纸包装材料占据重要地位，其普及度与应用广泛性不言而喻。从环境保护与经济效益的双重角度出发，纸包装材料不仅适宜大规模机械化生产，可以有效降低生产成本，而且加工过程简便高效。此外，纸包装材料具有卓越的折叠和成型性能，可折叠存放运输，适合精美印刷（见图 2–1）。现代包装大量地采用各种回收再生纸做包装材料，具有可回收再利用、环保、经济等优点，成为具有发展优势的包装材料（见图 2–2）。

纸包装材料基本上可分为纸、纸板、瓦楞纸板 3 大类。一般厚度在 0.1 毫米以内、定量（单张纸每平方米的规定重量，以克计算）在 200 克 / 平方米以下称为纸，厚度在 0.1 毫米以上、定量在 200 克 / 平方米以上称为纸板。纸张的种类很多，主要有以下几种。

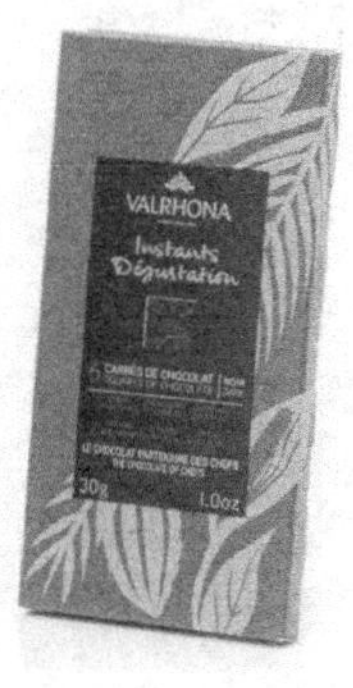

图 2–1　采用芬林纸板的黑巧克力包装

图 2–2　采用可降解特种纸的 T9 点心包装

（一）白纸板

白纸板用化学浆配以废纸浆制成，因其价格亲民，它在包装领域的应用极为普遍。白纸板表面光滑如镜，质地坚固耐用，给人以稳重厚实之感。其背面设计独特，分为白底与灰底两种，展现出良好的挺立强度和耐折性。此外，白纸板还具备优秀的印刷适应性和表面强度，使其在包装印刷中表现出色。根据不同的包装需求，白纸板提供多种定量选择，包括 400 克 / 平方米、280 克 / 平方米、220 克 / 平方米、350 克 / 平方米、200 克 / 平方米、250 克 / 平方米，充分满足各种包装场景的需求。无论是作为吸塑包装的底托（见图 2–3），还是作为吊牌、衬板与折叠盒，白纸板都能发挥出色的性能，为包装行业提供可靠的解决方案。

（二）铜版纸

铜版纸又称涂料纸，主要采用木、棉、纤维等高级原料制成，供凸版（铜版）印刷用纸，也可用于凹版印刷和胶版印刷。

铜版纸定量在 30—300 克 / 平方米，250 克 / 平方米以上的称为铜版卡纸。铜版纸是在原纸面上涂布一层经过精心调配的涂料后压光处理而成。涂布上的涂料由辅助添加剂、黏合剂及白色颜料等构成。铜版纸分为单面与双面涂布两种类型，各具特色。铜版纸因其卓越的防水性能、高平滑度以及洁白无瑕的版面，成为印刷领域的优选材料。其色彩鲜艳、饱满，特别适用于多色套版印刷，如吊牌、彩色包装盒及礼品盒等。此外，对于克重较低的铜版纸，其轻薄柔韧的特性使其成为书刊彩色封面、罐头贴、瓶贴、盒面纸及产品样本等印刷品的理想选择（见图 2–4）。

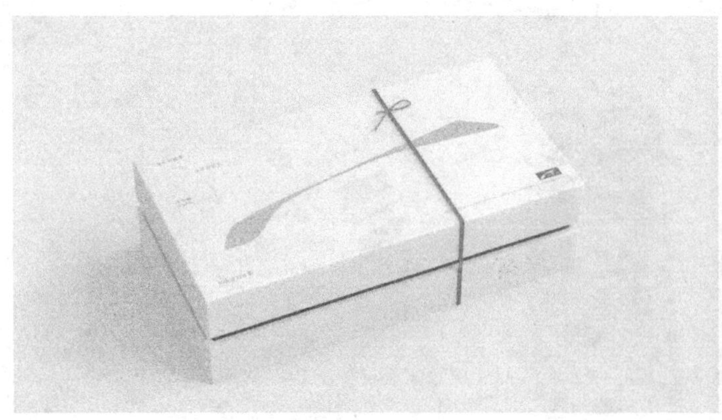

图 2–3 红茶包装

图 2–4 外交使者葡萄酒酒签

（三）胶版纸

胶版纸旧称道林纸，为胶印专用纸，有单面光和双面光两种，纸中含少量棉花和木纤维。胶版纸定量在40—80克/平方米，在胶印印刷和单色凸印领域广泛应用，如产品使用说明书、信封、样本内页、标签及信纸等。其与铜版纸相比，洁白度与光滑度稍显不足。因此，在彩印应用中，使用胶版纸可能导致印刷品色彩表现不够鲜艳，影响整体视觉效果（见图2-5）。胶版纸也可用机器压出密瓦楞，做小盒的内衬垫。

图2-5　道林纸信纸

（四）卡纸

卡纸是介于纸张与纸板之间的厚纸片，有白卡纸、玻璃卡纸、玻璃象牙卡纸等。白卡纸质地坚挺耐磨，纸面洁白平滑，定量为220克/平方米、230克/平方米、250克/平方米、260克/平方米、270克/平方米。玻璃卡纸表面涂布有硬化涂层，纸面光洁如镜，定量为250克/平方米、260克/平方米、270克/平方米。卡纸作为优质包装材料，卡纸被广泛应用于高档包装盒的制作，包括吊牌、酒盒、化妆盒以及礼品盒等（见图2-6）。由于其独特的美学价值和优良的物理性能，卡纸在包装行业中的地位日益凸显。然而，由于其生产过程复杂、成本较高，卡纸的市场价格也相对较高。

图2-6　用卡纸包装的故宫贡茶

（五）牛皮纸

牛皮纸用硫酸盐木浆制成，又称硫酸盐纸，因纸质坚韧结实、呈棕或浅棕色、近似牛皮而得名，定量为40克/平方米、50克/平方米、60克/平方米、70克/平方米、80克/平方米、90克/平方米、100克/平方米、120克/平方米。牛皮纸有良好的耐折性、抗撕裂性和抗水性，本身的纸质朴实，有特殊的内在魅力且价格低廉，适合于包裹商品或制作封套、纸袋等（见图2-7）。

图2-7　茶叶牛皮纸提袋

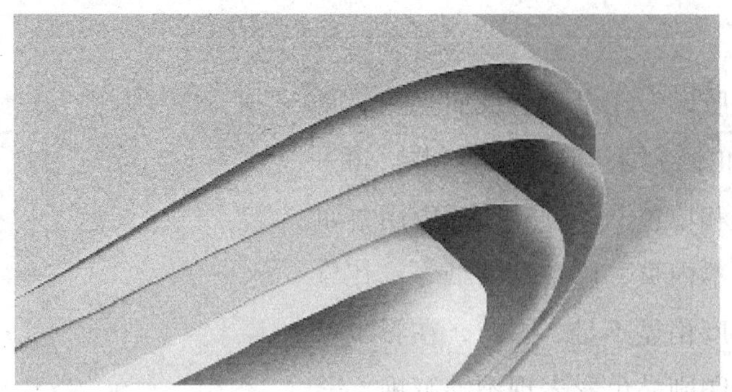

图 2–8 艺术纸

（六）艺术纸

艺术纸作为一种独特的纸张材质，以其丰富的色彩表现和多样的凹凸花纹、细腻肌理而著称，因此也被誉为特种纸。由于其价格较高，一般仅用于制作纸笺或用于高档包装的印刷（见图 2–8）。

（七）再生纸

再生纸是经回收再利用的纸张。再生纸作为一种环保型用纸，已成为未来包装用纸领域的重要发展方向。其独特的疏松纸质和亲民的价格定位，使其在市场上备受欢迎。当前，国内外设计师和生产商均对这种纸张持有积极态度，并看好其未来发展潜力（见图 2–9）。

（八）铝箔纸

铝箔纸由铝箔衬纸与铝箔黏合而成，一面洁白，另一面具有金属光泽。铝箔纸具有良好的防水、防潮、防霉、防尘和不透气性能，还具有防

图 2–9 再生纸制成的奶酪甜点万用包装

紫外线、保护商品原味不被破坏、出色的气密性以及耐高温等特性，这些优点共同确保了商品品质的持久稳定，从而有效延长了商品的保质期，多用于高档产品包装，如高级香烟、糖果的防潮包装等。铝箔纸还可制成复合材料，被广泛应用于新包装（见图 2-10）。

（九）瓦楞纸板

瓦楞纸板由两层面纸夹着波状瓦楞芯纸黏合而成，根据波型尺寸分为细瓦楞（3 毫米）和粗瓦楞（5 毫米）。细瓦楞直接用于玻璃器皿防震挡隔，而粗瓦楞则用于制作高强度瓦楞纸板。单瓦楞纸、双瓦楞纸和三瓦楞纸根据芯纸层数不同而命名。瓦楞纸板因其出色的防震防潮、载重耐压以及轻巧坚固等特性，使其在包装、物流等领域中得到广泛应用（见图 2-11）。

除了前述各类纸张，还有过滤纸、黄版纸、浸蜡纸、油封纸等具备特定功能并应用于不同领域的纸张。

二、金属包装材料

金属具有牢固、抗压、抗碎、不透气、防潮及延展性、导热性等特性，随着金属加工和印铁技术的发展，金属包装的外观也越来越漂亮，因此，金属为包装提供了良好的条件。金属包装材料的出现，最初是为了满足军队在长途征战中对食物长期保存的实际需求。自 19 世纪初期起，这种材料就开始在军事领域得到应用。最早使用的金属包装材料是马口铁皮，铝材包装出现虽晚一些（20 世纪 30 年代），却使金属包装产生了巨大的飞跃。包装工业主要采用钢、铝、锡、铅、铜等金属型材、板材、箔材、带材制作包装容器和包装辅助物料，现在常用的金属包装材料主要有马口铁皮、铝及铝箔和复合材料等。

（一）白铁皮

白铁皮是一种表层镀锌的薄钢板，是镀锌薄钢板的俗称，厚度一般在 0.3—1.5 毫米。

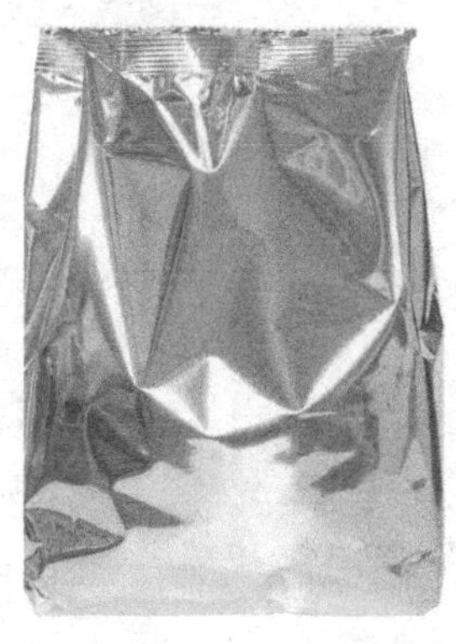

图 2-10 铝箔纸

图 2-11 月历包装

镀锌薄钢板是将普通碳素薄钢板经过酸洗，再经镀敷锌层而成。镀锌层的厚度一般为 0.02 毫米以上，以提高钢板的耐腐蚀性。用镀锌薄钢板制成的盒、桶、箱等包装容器不需要再进行防腐处理，并具有良好的耐弯折和防冲击性，适合于包装粉状、浆状和液状的产品。

（二）马口铁

马口铁是镀锡薄钢板的俗称，为两面镀锡的薄钢板，厚度一般在 0.15—0.3 毫米。镀锡薄钢板是将酸洗薄钢板放在熔化的锡液中热浸或电镀而成，镀锡层一般为 0.4—1.5 微米，表面呈银白色，光泽明亮，可涂布和印刷，坚固柔韧，具有良好的加工性和耐腐蚀性，无毒无害。马口铁常用于制作高级饼干、茶叶、咖啡、奶粉、调料、罐头食品、医药用品、啤酒等的包装容器（见图 2-12）。

（三）铝合金

铝合金是以铝为基材的合金的总称。其主要合金元素有铜、硅、镁、锌或锰，其次为镍、铁、钛或铬等，这些元素可以增加强度，提高耐腐蚀性。

铝合金品种繁多，具有比重小、易印刷、高延展性和抗锈蚀等诸多优势，因而成为铝制“冲拔罐”的理想选择，可用于制作罐、盘、杯、盖等包装容器与包装物料（见图 2-13）。

（四）铝箔

铝箔是厚度不超过 0.2 毫米的铝或铝合金箔片，采用纯度在 99.5% 以上的电解铝压延而成。我国目前生产的铝箔有十几种，其厚度为 0.005—

图 2-12　曲奇马口铁饼干罐

图 2-13　喜力铝合金罐装啤酒

0.2 毫米不等。在金属箔材中，铝箔是用途最广、用量最大的一种包装材料。其特点是重量轻，表面平整光洁，遮光性好，对光和热有较高的反射能力，有金属光泽，不易腐蚀，无毒，防潮，不透气，易于加工，便于着色、印花，能与纸或塑料薄膜复合使用。但撕裂强度低，易卷曲，不耐碱，怕强酸。它广泛应用于包装冷冻水果、肉类、糖果、糕点、巧克力、咖啡、奶油、乳酪、化学品等，或与纸、纸板、塑料薄膜等复合，用于制作包装盒、盘、碟等（见图 2–14）。

三、塑料包装材料

按照包装的形式分类，塑料包装材料可细分为塑料包装容器和塑料薄膜两大类。

（一）塑料包装容器

塑料是一种由合成或天然高分子化合物制成的可塑性材料，通过添加染料、填料、稳定剂、增塑剂等辅助物料进行加工。其成型方式多种多样，包括机械加工如车削、铣削等，以及吹塑、注射、挤出等非机械方法。塑料具有轻质、易聚集静电等特性，但同时也存在不耐高温与低温、部分有毒、抗霉性较差等问题。然而，塑料也具备易加工、绝缘、防潮、耐寒、耐热、抗腐蚀等优点。目前，塑料品种繁多，用于工业生产的有 300 多种。根据组分不同，塑料可分为多组分和单组分两类，其中多组分塑料以合成树脂为基本成分并含有多种辅助物料，而单组分塑料则主要由合成树脂组成，仅含有少量辅助物料。常见的包装材料包括聚酰胺塑料、聚丙烯塑料等（见图 2–15）。

（二）塑料薄膜

塑料薄膜俗称“塑料布”，是由各种塑料通过特殊加工制成的薄膜。

按成型工艺分为挤塑薄膜、吹塑薄膜、压延薄膜、流延薄膜、拉伸薄膜、发泡薄膜、复合薄膜等；按包装方式分为弹性薄膜、收缩薄膜、真空包装薄膜、充气包装薄膜、贴体

图 2–14　铝箔包装的传统圣诞节布丁

图 2–15　洗发水塑料包装

包装薄膜、重包装薄膜、缠裹包装薄膜、蒸煮包装薄膜等多样化形式；从功能角度出发，包装薄膜又可分为透明薄膜、防锈薄膜、耐冷冻薄膜等，以满足不同产品和场景的需求；在化学组成方面，包装薄膜主要包括聚乙烯薄膜、聚酰胺薄膜、聚氯乙烯薄膜、聚苯乙烯薄膜等。这些材料的选择与应用，对于保障产品质量、延长产品寿命具有至关重要的作用。

塑料薄膜通常具备多重优越性能，包括但不限于防水、耐热、柔软、轻质、防潮、无味、良好的气密性、耐寒、耐油脂、透明、耐药剂、高强度以及出色的耐腐蚀性。此外，还适用于各种机械操作，并可以方便地进行热封合，广泛用作多种商品、物资的包装材料。但对于不同的内装物，应根据其性质和包装要求，选择不同的塑料薄膜，否则会发生机械操作困难、包装破损、内装物变质损坏等现象（见图 2–16）。

四、玻璃包装材料

玻璃以石英砂、纯碱、长石及石灰石等为主要原料，有时也加入少量澄清剂、着色剂或乳浊剂，经混合、熔融、澄清、均匀化后，加工成形，再经退火处理而成。按化学成分可分为钠玻璃、钾玻璃、硼硅玻璃、铅玻璃等；按成型工艺可分为人工吹制、机械吹制和挤压成型等。玻璃具有良好的化学稳定性、不渗透性和光学效果，耐酸、无毒、无味，可制成各种形状的透明、半透明和不透明容器，多用于膏体、液体类（如果酱类、酒类、医药类）物品的包装（见图 2–17）。缺点是比重大，运输存储成本较高，不耐冲击，易破碎，等等。

图 2–16　双汇火腿肠塑料薄膜包装

图 2–17　农夫山泉玻璃瓶包装

五、陶瓷包装材料

图 2-18　陶瓷坛子酒

陶瓷以硅酸盐矿物质或某些氧化物为主要原料，经成型、干燥、烧制而成。作为包装容器，常用的有陶缸、瓷坛等，适用于酒、泡菜、酱菜等商品的包装（见图 2-18）。但陶瓷有易于破碎的缺点，近年来在包装上用量逐渐减少，但在传统包装领域陶瓷有着独特的应用价值。

六、自然包装材料

自然包装材料主要可分为木材、竹子、藤、草类包装材料和纤维织品包装材料两类。

（一）木材、竹子、藤、草类包装材料

在我国众多天然包装材料中，除了木材，草、竹子与藤类无疑是最为广泛且普及的选择。尤其值得研究的是竹类包装，它是可持续再生的环保材料，应该进一步推行和运用。

1. 木材

木材作为一种历史悠久的包装材料，虽然近年来受到新材料的挑战和替代，但其在某些领域的应用仍具有一定的价值。在包装行业，木材可作为内衬或整体结构使用，以其独特的质地和强度为内装物提供有效的保护（见图 2-19）。木材源于树木的加工，随着环保理念的普及和深入人心，其使用将逐渐受到限制。木材以其精致的纹理、不同的硬度和易于加工的特性，广泛应用于各个领域。选用木材时，必须考虑到它的具体特性，最大限度地发挥其优势。

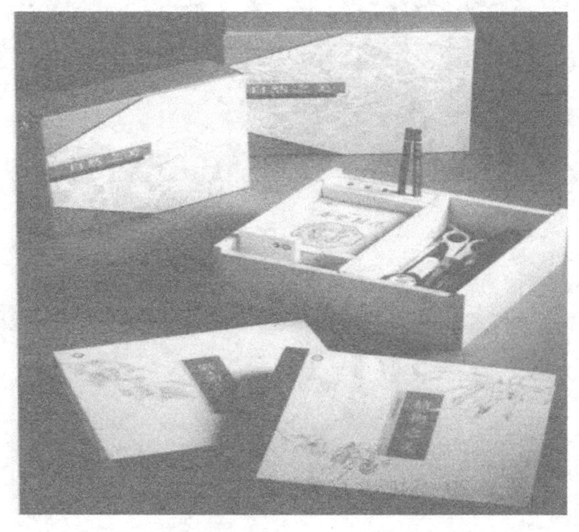

图 2-19　植物园导游记事手册木盒包装

木材作为一种包装材料，具备诸多显著优势。其卓越的弹性、易于加工的特性，以及出色的强度和抗压能力，使其在包装领域具有广泛的应用前景。此外，木材还具有优异的耐腐蚀性和防锈性能，使其成为盛装化学药剂、大重物品及易碎品的理想选择。木制包装可以回收利用，是良好的绿色包装材料。以木材为原料，经过精心设计和科技加工制作成的胶合板作为一种优质材料，不仅优化了原材料的均匀性和外观质感，而且显著降低了包装的重量，并且使包装具有耐久、防潮、抗菌等性能。

然而，木制包装亦存在诸多不足。其在加工过程中会产生废料，消耗大量自然资源，且易受白蚁侵害，易吸收水分，易产生异味。此外，木制包装加工的机械化程度较低，价格偏高。另外，有些胶合板所用的胶对人体有害，不符合环保要求。

2. 竹子

我国是一个使用竹子历史悠久的国家，也是竹资源大国。常用于包装材料的竹材有上百种，如毛竹、水竹、苦竹、慈竹、麻竹、丹竹、方竹等。有直接应用制成包装容器的，也有用竹制成板材的。竹子有良好的物理性能，能适应多种产品的形态与功能。竹材取之于自然又回归于自然，容易种植，而且再生速度快，适应环境性强，成材早，产量高，用途广，效益大，舒适性强，环保效能好，文化含量高。另外，竹材还有良好的力学性能。

3. 藤及草类

在自然材料中，藤及草类做包装材料相当广泛，其中藤类常见的有柳条、桑条、槐条、荆条及其他野生植物藤类，用于编制各种筐、篓、箱、篮等。草类有稻草、水草、蒲草、麦秆、玉米秆、高粱秆等，用于编织席、包、袋等，是价格便宜、一次性使用的包装材料。自然材料所蕴含的和谐与真实之感，源自其浑然天成的原始属性，这种属性散发出的魅力，使人不禁产生对自然的亲近感。这些材料不仅承载着自然的气息，而且在使用过程中不会对环境造成污染，充分体现了人与自然的和谐共生。随着现代科技的进步，自然材质的属性被进一步发掘和改造，呈现出新的价值。这种变化不仅为人们提供了更多的选择，更在精神上带来了愉悦，在心理上给予了启迪，使人们能够在繁忙的现代生活中找到心灵的慰藉和平衡。自然材料的包装常常使内装物整体呈现出浓郁的民族特色，充满异乡的审美观念与生活情趣，外在的质朴美与内在的保护性相得益彰，而且既经济又耐用（见图 2–20）。

图 2–20　对虾豆豉酱包装

（二）纤维织品包装材料

图 2–21　酒布袋包装

纤维织品包装主要有布袋和麻袋。布袋是用棉布制成的，在古代被用来装中药，其布面较粗糙、手感较硬，但耐摩擦，断裂强度高，主要用于装面粉等粮食制品和粉状物品。有时为了防止布袋受潮、渗漏和污染，会在袋内附加衬纸或塑料袋。布还能用于制作包袱状的包装，很多国家都有用布包酒的包装形式，也有做礼品包装的。布袋的质朴美形成一种特定的视觉语言（见图 2–21）。

麻袋是经麻纤维纺织成麻布再加工制成的包装袋，依据内装物的颗粒大小，分为大颗粒袋、中颗粒袋和小颗粒袋。以各种野生麻、棉秆皮为原料制成的包皮布，也可替代麻布。

布袋和麻袋的封口方法主要有缝口法和扎口法。

另外，还有人造纤维、合成纤维包装材料，由于原材料不同，其用途也各不相同。

七、新型复合包装材料

复合包装材料是经科学工艺将两种或多种材料融合而成，旨在集结各材料的优势，同时规避其劣势，从而创造出的一种性能卓越的包装材料。此种材料已被广泛运用于现代包装的诸多领域。

随着我国经济社会的发展以及民众生活品质的提升，公众对商品品质及其包装材料的要求日益严格。为适应这一变化，多种新型的包装技术和材料应运而生。在众多包装材料中，复合材料因其卓越的综合性能，成为单一材料所无法替代的选择，复合技术的多样化发展亦成为当前的新趋势。这不仅能够满足市场对高品质包装的需求，也推动了包装行业的创新与发展。经过科学研发，复合材料成功融合了多种材料的卓越性能，显著增强了包装材料的防微生物、防尘、防虫等防护功能，有效隔绝了不良气味和光线的侵扰。同时，复合材料显著提升了包装材料的耐水、耐油、透气等多方面的技术指标。此外，复合材料还优化了包装材料的印刷和装饰效果（见图 2–22），大幅提升了加工适用性和机械强度，为包装行业的创新发展提供了有力支撑。

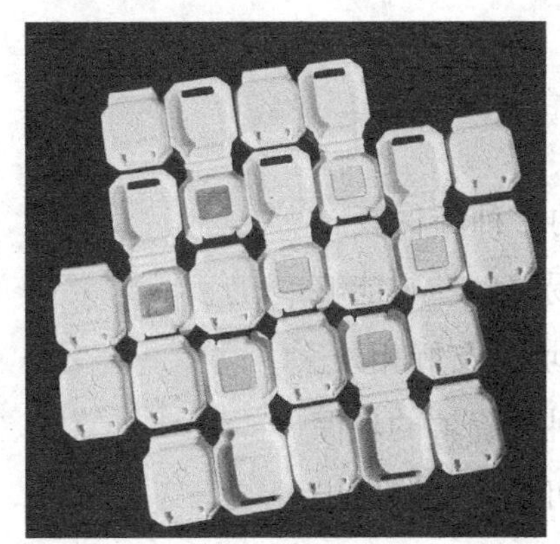
图 2–22　用复合材料包装的眼影盘

随着我国包装工业的蓬勃发展，复合包装材料领域已日益壮大。目前，主流的复合包装材料主要涵盖以下几大类别。

（一）防腐复合包装材料

防腐复合包装材料能够有效解决部分金属制品在储存和运输过程中出现的防腐性能不足的问题。其外表是一种包装用的牛皮纸，其中一层是涂蜡牛皮纸，并加入防腐剂，这样，金属内装物表面就形成一层看不见的防腐层，任何条件下都可以保护内装物，防止腐蚀。

（二）耐油复合包装材料

通常这种材料由双层复合膜组成，外层是具有特殊结构和性质的高密度聚乙烯薄膜，里层是半透明的塑料。耐油复合包装材料具有防粘连、轻薄坚韧、无毒无害、无异味以及优异的油脂阻隔性能，其应用领域广泛，特别适用于直接接触食品包装。在肉类产品包装方面，该材料能够有效保持产品原有的色泽、香气和口感，为食品保鲜提供了有力保障。

（三）防蛀复合包装材料

防蛀复合包装材料是经过精心设计和制造的一种复合材料，该材料由防虫蛀胶黏剂与食品包装材料结合而成。此类复合材料具有卓越的保护性能，能够防止蛀虫的滋生，同时有效延长内装物的保存期限。然而，值得注意的是，该胶黏剂含有有毒成分，因此，严禁将其直接应用于食品包装领域。

（四）特殊复合包装材料

这是一种特有的食品包装材料，可以使食品的保存期增加数倍。特殊复合包装材料采用食用盐、马铃薯淀粉及明胶等原材料，经过精密复合工艺制成，确保其无毒安全。该材料适用于多种食品的贮存，包括鸡蛋、干酪、水果及蔬菜等。

（五）易降解的新型环保包装材料

易降解的新型环保包装材料是在新形势下开发出来的一种环保复合材料。这种材料是一种创新的复合材料，其显著特点在于易降解。它能够有效避免环境污染，通过生物降解的方式，实现与自然环境的友好相处。在制造过程中，主要采用树木和其他植物作为原材料。这种易降解的环保包装材料将成为包装行业发展的主流趋势，为推动绿色、可持续发展做出积极贡献（见图 2–23）。

图 2-23 新型可降解的复合材料包装

易降解的新型环保包装材料主要包括以下几种。

1. 秸秆

用秸秆制成的容器为全降解的绿色环保容器，不仅具备优良的耐冷冻、耐热、耐油、耐酸碱等特性，还能有效减少白色污染，同时其价格相比纸制品更为经济，具有良好的市场潜力和推广价值。该产品采用废弃农作物秸秆等天然植物纤维，结合食品包装卫生标准的安全无毒成型剂，通过精密工艺和成型技术精心制作而成。

2. 玉米塑料

美国科研人员成功研发出一种以玉米粉为主要成分的环保型塑料包装材料。这种材料具有快速水解的特性，是由玉米粉与聚乙烯进行科学配比并混合制成的。

3. 油菜塑料

英国研制出一种新型材料——油菜塑料。它是通过提取细菌的基因，然后将这些基因注入油菜中制造出的一种塑料性聚合物液态材料。这种塑料不会产生污染，在丢弃后可以自然降解，对环境更友好。

4. 小麦塑料

小麦塑料是一种半透明的热可塑性塑料薄膜，其主要成分为小麦粉面，辅料为聚硅油、甘醇、甘油等物质。此材料具有独特的生物降解性，能够被微生物有效分解。

5. 木粉塑料

日本科技人员从松木粉末中提炼出多元醇，通过化学反应使之与异氰酸酯结合，生成了聚氨酯木粉塑料。这种新型的木粉塑料包装材料在耐热性能上表现突出，同时它还具备生物可降解性。

第二节　包装的容器造型设计

一、包装容器造型设计的概念

包装容器造型设计是包装设计的重要组成部分。包装的发展促使了新的包装材料、容器与包装技术不断出现，这些新材料与新技术的出现为包装容器造型设计带来了新的革命性发展。包装容器的价值已不仅仅是容纳保护商品、方便使用，它既包含功能效用、工艺材料和工艺技术诸因素，又包含外形的审美因素与品牌效应的多重心理价值。包装容器造型设计更偏重于创造出有差异的、个性化的、具有魅力的包装形象。

容器的定义十分广泛，其内部空间及能容纳物质的造型实体均为其核心要素。根据材料的不同，容器可被划分为陶瓷、玻璃、竹木等多种类型。根据用途和所容纳物质的不同，容器又可分为食品类容器、酒水类容器等。在形态上，锅碗瓢盆等均为容器的典型代表。随着人类社会的演进与发展，容器不仅在实用性方面得到不断提升，同时也逐渐融入了观赏性，甚至实现了两者的完美结合。容器通过其独特的造型设计，展现出丰富的象征意义和形态美感，同时也具备使用价值，为人们的日常生活提供了便利。包装不仅仅是承载物品的一个容器，还可以更好地体现被装载物品的性质、内涵等。包装容器造型是各类包装容器的外观立体形态。包装容器造型设计旨在满足促进销售、运输方便和产品保护三大功能，并在此基础上进行造型设计。包装容器造型应兼具审美、实用和空间价值，采用合适的包装材料制作，并且要满足美学要求。研究包装容器造型不仅要研究形状，还需深入分析造型要素，构筑集艺术效果、工艺技术和功能效用于一体的具体包装容器造型体系，以展现创造性、经济性、艺术性和实用性。

包装容器造型设计往往具有鲜明的体量感，各个面之间既相互关联，形成统一的整体，又各自具备独立性，展现出丰富的层次感。包装容器按形态划分，主要可分为盒型、壳型、桶型、瓶型、钵型、袋型等几大类。包装容器造型设计是一个综合考虑多种因素的思维活动过程，它要求设计者综合考虑用户需求、环境适应性以及产品本身的特性，运用科学的技术手段和精心选择的材料，以实现容器内外结构的合理性与优化。包装容器造型设计应追求功能性与美观性的完美结合，同时注重技术与艺术的交融，以及物质与精神的平衡。在包装容器造型设计中，二维设计与三维设计的结合运用也是不可或缺的。二维设计，如平面图案和插图，为包装提供了丰富的视觉元素；而三维设计则通过构建真实的立体空间，赋予产品更为立体和生动的形态。这种二维设计与三维设计的有机结合，为包装容器的设计提供了无限的可能性。

包装容器造型设计是实用与形式美的综合艺术，设计时要考虑形态、功能、工艺、经济、文化、消费者等多方面因素。造型艺术的基本原理是"变化与统一"，形式美在对比与协调中产生。变化通过改变或重组造型元素创造新的美感，但需注意变化的规律和尺度以及线与面的协调。统一修正局部与整体的不协调，提炼共性与个性，使造型和谐平衡。

综上所述，作为一项空间立体艺术，包装容器造型设计要求在满足包装基本功能的同时，运用精湛的加工工艺和合适的材料，创造出具有美感和实用性的立体形态。这种形态的变化不仅能够带给人们美的享受，还能够提升包装的使用便利性。通过精心设计和巧妙构思，包装容器造型设计成为连接商品与消费者之间的桥梁，为产品增色添彩。

二、包装容器造型设计的方法

"形而上者谓之道，形而下者谓之器"[①]，《周易·系辞上》中提出的这一"道器"关系说，将道与器区分开来，影响十分深远。明末清初思想家王夫之认为："天下惟器而已矣。道者器之道，器者不可谓之道之器也。"[②] 经过深入分析，不难发现，道与器之间的关系体现了深刻的辩证逻辑。作为人类创造活动的重要一环，包装同样映射出道与器这一辩证逻辑关系的深刻内涵。就包装容器造型设计来看，"道"即包装造型的规律和成型的原则、方法，而"器"即包装容器造型的本体特征。因此，在探讨包装容器造型设计的过程中，我们必须深入研究其形成原理以及器物内在的属性，而非仅仅关注表面的设计形式。唯有如此，才能更全面地把握包装容器造型设计的精髓，从而做出更加精确和科学的决策。确切地说，就是将包装容器造型成型规律与设计方法结合起来，将理论与技法结合起来，将道与器连接起来，以此来总结提炼出包装容器造型内在的规律和外在的形态特征。

包装容器造型设计方法存在着诸多共性规律。总的来说，可以将这些规律归纳为两个大的方向：一是仿生设计，即对自然界的各种形态进行模拟与仿造设计出的形象或者具有象征意义的包装容器造型；二是基本几何体的变化设计，即对基本几何体（如正方体、锥

① 鲁洪生：《细读周易》，研究出版社 2017 年版，第 543 页。

② 吴根友：《中国哲学通史：清代卷》，江苏人民出版社 2021 年版，第 126 页。

体、柱体、球体等）的体、面、楞、角等部位，在形式美法则的指导下，通过切割、贴补等方式进行局部的变化与统一塑造出的新形象。

（一）仿生设计

仿生设计的灵感源于自然，这种对自然生物进行模拟与再创造的设计方法带来了丰富多样的创新产品。

仿生设计是一个综合性极强的思维过程，它要求设计师在开始设计之前要明确设计目标并寻找到合适的生物模型作为参考。通过深入研究生物的结构和功能，设计师可以从中提取出关键特征元素，并据此塑造出生物模型。为确保设计的准确性和科学性，设计师需要运用数学工具来精确描述生物模型的内在联系，并将其转化为数学模型。这些生物原型或数学模型为设计师提供了有力的支持，使他们能够基于生物原理进行工程技术应用，从而制造出实物模型。在实物模型的制作过程中，设计师需要不断进行实验验证和改进，以确保其满足设计要求。随着实验的不断深入，实物模型逐渐发展成技术模型，最终实现工程模拟。在这一过程中，设计师还需要对设计进行可行性分析，以确保所创造的产品既符合人性化需求，又具有创新性和市场竞争力。通过这一严谨而系统的设计流程，仿生设计能够助力设计师创造出既实用又具有市场竞争力的创新产品。

众多造物事实表明，大自然是艺术创作的灵感源泉。从造物活动开始，前人在造型领域就已经从自然界中获取灵感，创造出许许多多精美的器物。对大自然进行模仿和概括是人类造物活动的重要方式。在现代包装容器造型设计中，仿生设计是一种用之简单、行之有效的造型方法。因为使用该方法所得的容器造型不仅更具有趣味性与象征性，并且能够给人以自然舒畅的视觉感受。部分设计理论研究者还对这类仿生设计方法进行了诸多的探索，并衍生出多种具有不同特点的子方法，主要有具象仿生法和抽象仿生法、整体仿生法和局部仿生法、静态仿生法和动态仿生法等方法。常用的仿生设计方法还有生物形态简化法、自然形态符号法、自然形态解构法、自然形态模拟法等。

1. 仿生设计的方法

（1）具象仿生法和抽象仿生法

根据仿生学原理，包装容器在模拟事物形态与特征的逼真程度方面，其仿生设计方法可分为两类：具象仿生法和抽象仿生法。这两种设计方法在形态创新上各具特色，共同构成了包装容器仿生设计的丰富内涵。

具象仿生法是设计师根据被包装物的产品特征或者品牌的特点，通过对外界形态的视觉捕捉，直接将这些自然形态进行符号化，而后应用到造型设计中，形成较逼真的造型形态的一种方法。这种造型形态不仅便于识别与记忆，还可以使包装容器在被使用完以后实现一种装饰的功能。神鼓酒包装即采用湖南湘西的神鼓作为造型灵感，是具象仿生法的典型应用（见图 2–24）。从表现形式来看，该包装的造型直接采用当地的铜鼓为原型进行塑造，特点鲜明、易于识别，不仅具有一定的艺术性与趣味性，而且烘托出了该酒浓郁的地方特色与深厚的品牌文化渊源。

由于采用具象仿生法设计的包装容器造型具有良好的趣味性与亲和力，其多被用于儿童类物品或者工艺品的包装容器的造型设计中。然而，这种方法也有其不足之处，包装容器造型一般需要大批量生产，而在采用具象仿生法进行造型设计时需要考虑的细节较多，在模具设计或者材料选择上比其他一般性造型开发难度更大，增加了包装成本。

为了有效应对制作工艺的复杂性和成本控制挑战，设计师可采取一种更加经济高效的方法，即通过运用简洁明了的图形元素来呈现自然界的丰富多样性。这种方法的核心在于对具象仿生法的适度简化，这种方法通常被称为抽象仿生法。通过这种方法，设计师不仅能够保留自然形态的精髓，还能在保持艺术表现力的同时，显著降低制作难度和成本。抽象仿生法是指在具象仿生法的基础上，将仿生对象中的某些形态，通过归纳、演绎的方法进行再构造，从而形成一种新的造型形态的方法。这种方法弥补了具象仿生法中的一些不足之处，使设计师拥有更多发挥的空间，因此这种方法成为造型设计门类中最常用的一种造型方法之一。例如，图 2–25 所示的牛奶包装在造型上采用奶牛乳房部分的形体进行抽象仿生，其形象趣味、生动，不仅在视觉上成功地传达出产品的属性，给消费人群以亲和力，而且在众多的牛奶商品中给人以耳目一新的感觉，极大地增强了包装的促销作用。

图 2–24　神鼓酒包装

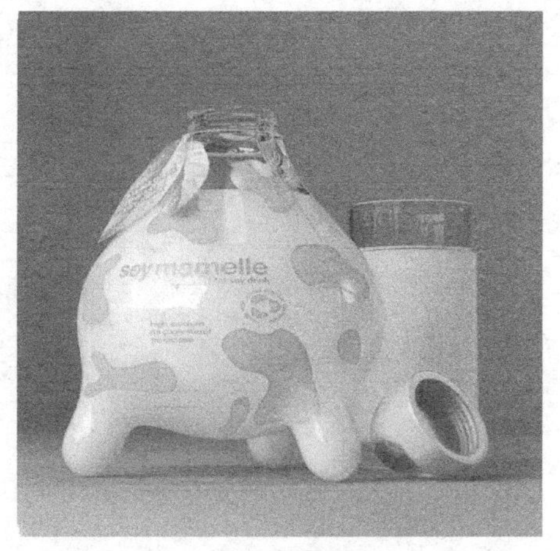

图 2–25　牛奶包装

抽象仿生法与具象仿生法相比，更具有灵活性，但是这种造型方法也有其局限之处。大量的设计实践表明，设计师在运用这种方法的时候不能完全按照自己的主观意愿，而需要充分地考虑到消费者的接受程度。因为最终接受这种包装容器造型形态的是消费者，而非设计师本人。可以说，消费者决定了包装容器造型的最终形态。设计师需要根据自己的受教育程度、审美情趣、生活阅历等，通过联想与想象，使包装容器造型从简单概括的形态升华为与受众的接受心理相契合的仿生形态。因此，在进行抽象仿生设计的同时，设计师应该对产品消费者进行严密的定位，并分析各个层面消费者的接受能力，确定最终的设计方案。

（2）局部仿生法和整体仿生法

基于仿生造型形态的完整性考量，仿生设计方法可以进一步细分为两类：局部仿生法和整体仿生法。

局部仿生法在仿生设计中主要是针对产品的某一特定组件或局部进行仿生形态设计。包装容器一般由多个部位构成，每一个部位都承载着各自的使用功能与审美功能，这些部位的组合构成了一个整体的容器形象。作为整体的组成部分，局部的形态也可以被作为产品特点和企业文化的塑造点。因此，许多企业为了创新，经常通过改变容器某一部位的形态来达到画龙点睛的效果。例如，图 2–26 所示的日本某品牌的“锦鲤”清酒包装，酒瓶瓶身绘有锦鲤图案，外包装上则有锦鲤形状的镂空，在完整的包装下，可以看到一条“锦鲤”在包装盒中，使设计既符合企业本身的品牌文化，又具有美好的象征意义。

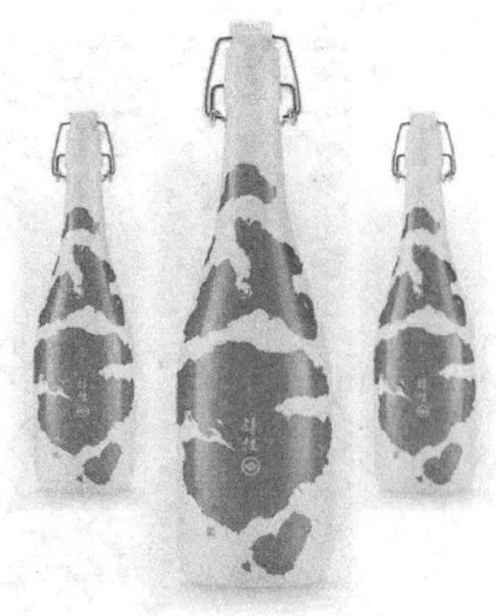

图 2–26 日本某品牌的“锦鲤”清酒包装

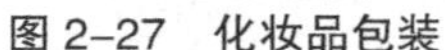
图 2–27　化妆品包装

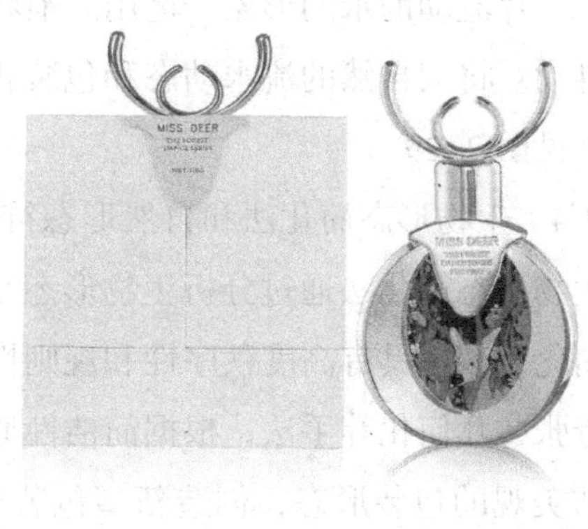

图 2–28　香水包装

整体仿生法，是以产品的全局造型为基础，借鉴人工制品或自然形态元素进行仿生形态的创新设计方法。此种设计方法所塑造的包装容器造型，不仅具有强烈的辨识度，而且能够展现出更为出色的整体协调性，从而实现产品形态与功能的完美结合。目前市场上诸多高档化妆品、酒、饮料的包装容器的造型设计多运用这种方法。例如，图 2–27 所示的化妆品包装设计就是模仿鸡蛋的外观形态进行的仿生设计，突出产品的特性是能让使用该化妆品的用户皮肤变得像剥了壳的鸡蛋一样光滑。

（3）静态仿生法和动态仿生法

包装容器的外观设计，也被称为容器的“形态”塑造。根据“形”与“态”的内在差异，将仿生设计方法细分为动态仿生法和静态仿生法。

静态仿生法基于自然生物的静态“形”设计包装容器造型，通过把握仿生对象的内在规律和外部特征，演变、再现与模仿适合包装的造型部分。此类包装容器具有内敛、沉稳、静谧的特征，适合成熟群体的消费品包装设计。

例如，图 2–28 所示的香水包装，充分彰显了自然和谐的设计理念。香水瓶身中部的指环式样是设计师通过模拟鹿角形态进行创作的，这一设计既凸显了独特的审美价值，又满足了握持使用的需求。这一独特的设计不仅彰显了自然之美，也体现了设计师对和谐统一的深刻理解。

动态仿生法是一种基于生物动态特性如立体感、空间分布以及生存行为等进行的模仿设计。相较于仿制生物“形”的设计，仿制生物“态”的设计更能呈现出生物活泼、生动的形态特点，从而赋予包装容器造型更为独特的意义与表现力。此类设计特别受年轻消费群体的喜爱，因为它与年轻消费者活泼好动、追求趣味与生命力的性格特质相契合，为消费者在使用过程中带来愉悦体验。天龙矿泉水包装容器便是一个典型的例子，其造型灵感来源于水流的动态特性，巧妙地将这一自然现象融入产品设计中。天龙矿泉水的包装造型捕捉了一片流动的水的形象，运用波浪状线条使瓶中的水仿佛具备了生命一般舞动。将大自然的流水动态和包装相结合，使存放水的容器也有了生命感（见图 2–29）。

（4）生物形态简化法和自然形态符号法

生物形态简化法通过分析生物形态结构特征，提取主要特征，进行分类和简化，创造具有高度秩序性和规则性的结构。然后，运用变形、规则化、夸张、几何化等手法，根据简洁性原则、重要特征优先原则等，转化成简洁美观的包装形态，创造新型包装仿生形态。例如，图 2–30 所示的牛奶包装设计的包装瓶盖在造型上模仿了飞碟，瓶身则模拟飞碟的光束，通过简化飞行器的外形，再进行组合，塑造了独特的趣味性。

自然形态符号法通过分析符号性意义和自然形态特征，创造大众容易理解、接受和欣赏的自然形态符号。设计者通过深入挖掘情感和功能，并将其转化为包装设计形态符号，实现和谐的形态语意符号包装设计。美国李奥贝纳广告公司的一款鲜榨橙汁包装设计的包装容器模拟了使用榨汁器榨取橙汁的过程，瓶盖采用半个橙子的外观造型，容器颈部采用榨汁器的纹路设计，两者巧妙结合体现产品本身鲜榨的特点，具有一定的趣味性（见图 2–31）。

图 2–29 天龙矿泉水包装

图 2–30 牛奶包装设计

图 2–31 鲜榨橙汁包装设计

（5）自然形态解构法和自然形态模拟法

图 2–32　模拟蜂窝结构的包装

自然形态解构法在某种程度上与生物形态简化法和自然形态符号法相似，但更加注重对解构和抽象程度的理解。解构主义倾向于打破内容与形式之间的传统联系，致力于实现形式的纯粹表达。自然形态解构法则致力于探索形态艺术与科学的结合，挖掘自然形态的纯粹本质。随着抽象程度的提升，解构的深度和复杂性也随之增加，这在包装形态设计中应用时，可能会导致认知识别性的降低。例如，图 2–32 所示的蜂蜜包装的设计灵感源于蜂窝，对蜂窝结构进行解构。这样的包装既别致又独特，不仅收缩性强，重复利用率也很高，还可以很好地保护玻璃瓶，避免碰撞带来的损伤。

自然形态模拟法是一种将模拟过程理解为对自然形态进行符号化处理、系统整理、抽象提取以及再加工的方法。这一过程旨在将自然形态转化为具有独特抽象形式特征和包装形态特征的设计符号。借助这种方法，设计师能够创作出更加贴近自然、充满生机的包装设计作品。日本资生堂设计的禅（Zen）香水包装，其设计灵感源于自然，在包装容器造型上模拟白海螺、竹子节段以及鹅卵石的形态，并且搭配玻璃的透明材质，达到了自然与人工的优雅结合，以较为突出的视觉效果抓住了消费者的眼球（见图 2–33）。

充分了解和学习上述造型形态的构造方法可以引导我们将自然形态合理、有效地应用

（a）

（b）

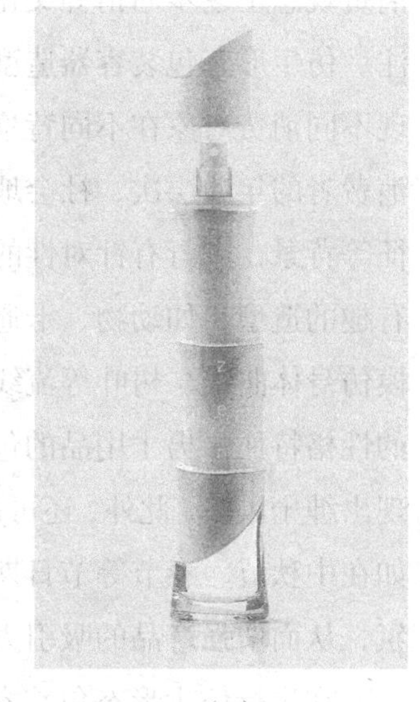

（c）

图 2–33　资生堂禅（Zen）香水包装

于包装容器造型形态的仿生设计中。形态构造法的一系列应用表明，我们必须恪守并尊崇自然界的法则，实现形式的新颖性、经济效益与生态环境的和谐统一。作为包装设计师，应积极探究自然形态的有机构成，从自然界中汲取灵感，同时融入现代包装技术，以推动包装设计的创新发展。

2. 仿生设计的注意事项

在运用上述包装容器造型设计方法的同时，我们必须结合仿生形态包装容器造型的构成因素对设计进行全面考虑。在精神层面上，包装造型所蕴含的象征意义、审美观念、社会环境以及道德原则等方面都需要被重视。同时，在物质层面上，包装造型也涉及容器的色彩搭配、构造设计、材质选取以及实用功能等多个维度。此外，还要考虑以下两个方面。

（1）考虑包装容器的实用功能

在仿生形态包装容器设计中，若只注重视觉效果而忽略实用功能，可能导致使用上的不便。因此，在进行包装容器的仿生设计时，需要将仿生形态与商品使用需求相结合进行设计。设计者应该关注产品在实际使用中的便捷性、耐用性和功能性。例如，食品包装不仅需要美观，还必须便于开封和密封，确保食品的安全与新鲜；化妆品包装则需要考虑便携性和使用的方便性，使用户在任何环境下都能轻松使用。

（2）考虑消费者的消费情感

当前，在物质生活水平得到极大提高的社会环境下，广大人民群众的消费观念正逐步向精神文化层面倾斜，以期得到社会各界的广泛认可与关注。仿生形态包装容器造型设计要反映出商品与目标群体之间的关系，体现不同消费对象在不同背景下的心理需求和情感诉求。设计者应根据目标消费者的年龄层次、社会地位、文化程度、兴趣爱好、精神需求及生理特征等背景，进行有针对性的设计。例如，儿童用品的包装容器应具有可爱有趣的造型，如动物、卡通人物、积木等；女士用品包装的造型设计可以模仿身体曲线、树叶等流线、唯美造型设计来表现女性优雅、灵性、时尚的性格特征；男士用品的包装造型应强调激情与力量等特征，同时也要表现出绅士风格。此外，还可以根据不同时间段消费者的心理需求进行设计，如在中秋节、春节等节日期间，通过不同的仿生设计来衬托节日的喜庆气氛，从而增强产品的吸引力，激起消费者的购买欲望。

在进行仿生形态包装容器设计时，不仅需要关注上述两个方面，还应将其他重要因素加以综合考虑，以确保设计的全面性和有效性。比如，包装容器的环保性和可持续性也是现代设计中不可忽视的重要因素。设计师应选择环保材料，减少对环境的负面影响，同时考虑包装的可重复使用和回收利用，以顺应绿色设计的潮流。

此外，文化背景也是设计过程中不可忽视的因素。不同地区和国家的文化差异会影响消费者的审美和偏好，设计师应充分了解目标市场的文化特征，创造符合当地文化习惯的包装设计。通过融合当地文化元素，不仅能增加产品的文化内涵，还能提高消费者的认同感和亲近感。

（二）基本几何体的变化设计

在包装容器造型设计方法中，除仿生设计以外，还有一种非常重要的方法，这种方法是以基本几何体为造型原型，对几何体的体、面、棱、角等局部进行适当的变化，从而产生新的造型形式。一般情况下，此类包装容器的造型首先通过几何形塑造法与三视图塑造法确定容器的基本形态，然后在此基础上进行变化，形成多个变化且统一的基本型，或者对局部（体、面、棱、角等部位）进行装饰造型设计，最终得到丰富的造型形式。这种造型构造法包括以下几个环节。

1. 基本型的塑造方法

包装容器的造型设计在几何形态上是一个涉及点、线、面、体等多个方面的综合设计体系。其中，体作为造型设计的核心和基础，对于整体设计效果具有决定性的影响。因此，我们必须对容器造型进行全面、细致的规划和设计，首先要塑造一个基本型。

常用的基本型塑造的方法有基本型轨迹运行塑造法、三视图塑造法、相似形渐变造型法、容器造型体相加和相减法等。

（1）基本型轨迹运行塑造法

基本型轨迹运行塑造法是以平面的基本型为母体，通过一定的运行轨迹进行基本型造型的一种方法。几何基本型通常以三角形、圆形、正方形为基础，再将这些基本型进行分割、变化，可以得出多种混合型，即所谓平面的基本型；然后再将这些基本型进行组合、改变、调节，通过一定的运行轨迹，就可以塑造出各种不同形态来作为器物造型。现代器皿设计已经涵盖了众多基本的几何形态，呈现出多样化的特点。为了实现器型的差异化，设计者更倾向于采用局部模拟自然形态与几何造型相结合的方式，或进行精细的局部调整，以推动造型设计的发展和创新。基本型轨迹运行塑造法作为一种造型思维方法，在设计应用中需要结合具体产品的用途、材质、目的，适时灵活地把握容器整体造型的实用功能与差异化的审美艺术效果，塑造新颖、适用、美观、安全、方便、经济、环保的包装容器。

（2）三视图塑造法

根据包装容器造型设计的特殊性，在基本型轨迹运行塑造法的基础上衍生出了一种方法——三视图塑造法。这种方法是通过对容器的俯视投影图或主视与侧视投影图的任何一个形面进行改变，形成新的造型形态的一类造型设计方法。这种方法可以用在已有容器造型的基础上，也可以在新开发设计的容器造型基础上，通过改变其中一个视图（如俯视图）的形态来设计出新的造型形态。当然，也可以改变两个视图的形态来产生更大的造型变化。

改变俯视图造型对基本形态进行重构的方法也称为截面投影造型法。从应用和审美的角度，对俯视图的形面进行均齐对称的几何形变化，或对某一边线进行线形变化，可塑造出丰富多变的新形态，再根据品牌或内装物的特点选择最适合的一个。

主视图（也称正视图）与侧视图造型法主要是对于均齐对称的立方、圆柱体或球体等主、侧投影图相同的容器造型，通过改变主展示面的轮廓线来塑造形体的一种方法。因为只要改变正视图的面形或边线形态，就会使容器的整体形象发生变化，而对于正视与侧视形态不同的器型，改变正视面与侧视面两方面的面形或轮廓线形，则可获得更丰富多样的新造型。

（3）相似形渐变造型法

相似形渐变造型法是一类有序的造型方法，主要手法包括渐变、镂空、旋转、挤压。这种方法是解决系列化包装容器造型共性联系和个性化差异的有效设计方法。系列化包装容器是以多样统一的原则，对多件容器形态采用统一的线形或面形视觉联系特征，同时又使其各具特色的一类包装容器。这种方法在同一企业品牌的同类产品、配套产品包装中应用广泛。具体造型方法是：首先，选择适当的基础形态作为基础。随后，描绘出中轴线以确定形态的中心和对称关系。紧接着，识别并描绘出关键形线，这些线条将构成容器的主要结构。在设计过程中，可以通过斜直线或曲线的组合来塑造容器的形态。此外，还可以通过等距离或渐变距离的方式来调整容器的比例和视觉效果，从而创造出多样化的容器造型。

（4）容器造型体相加和相减法

由于包装容器通常由几个部分构成，因此在造型设计中还有一种不可替代的方法，即容器造型体相加和相减法。容器造型体相加指的是依据造型美学的原则，将两个或更多基础形体进行有次序的组合与累积，进而构造出一个全新的造型体。这就好比不同英文字母的组合可以组成不同的英文单词一样。所以，在容器的造型设计中，为构建多样且富有创意的造型形式，可以充分运用基本型进行组合。然而，为保持造型的整体和谐与美感，设计师在创作过程中必须审慎把握基本型组合的数量与种类，确保其在变化中保持协调统一。过多的组合可能导致造型显得繁杂，而过杂的基本型种类亦可能破坏整体的视觉平衡。因此，设计师需以高度的专业性和责任感，精心策划和组织基本型的组合方式，以创造出既富有创意又不失和谐美感的容器造型。

容器造型体相加和相减法主要有两种处理方式。

第一，造型体的切割处理。在运用这种处理方式进行造型设计时，首先要明确包装容器的基本形态，这是造型设计的起点和基础。随后，按照形式美的法则，对基本形态进行细致的局部切削，以展现设计的精细之处。在此过程中，要特别关注被切削部分与整体造型之间的和谐关系，确保设计的每个细节都相互呼应、协调统一。这种处理方式能够赋予包装容器丰富的层次感和变化。经过精心设计与切割，所得切口处展现出别致的立面形态，这些立面因切割的弧度、尺寸、位置及数量变化而各具特色。为了确保整体视觉效果的和谐统一，需要对其他造型部位进行相应的调整与优化。例如，资生堂的化妆品包装就展现了流畅自然的造型形态（见图 2-34）。

第二，造型体的空缺处理。这种处理方式是对基本型进行穿透式的切割，使形态中出现空缺空间。运用这种处理手法形成的容器造型，必须根据造型体的整体形状和空间大小来设置空缺的部位、形状和尺寸。空缺部分在设计时应注重简约与实用性的平衡，避免设计过度，一般推荐只设置一处。若该空缺部分是为了满足功能需求而设置，则需确保该设计符合人体工学原则，以确保包装容器的造型既美观又实用。

2. 基本型的形面装饰方法

在完成基本型的塑造以后，接下来就是对容器的表面进行装饰设计，通常而言，基础形态的形面装饰方法主要包括以下 3 种。

（1）体面装饰线造型法

体面装饰线造型法是采用凹凸的装饰线形打破器形的平面形态，分割改变容器的面形，

图 2-34　造型切割的化妆品包装

加强器形立体形态的虚实装饰美感的一种造型方法。一般可以通过线条的粗细、曲直、凹凸以及数量、疏密、方向、部位的变化来进行表现，使人产生庄重或活泼、饱满或挺拔、柔和或流畅的节奏感与韵律感。这种造型方法在高档酒、化妆品等产品包装容器设计中应用较多。在设计过程中，特别需要注意的是这种方法是否符合模具生产的工艺要求。例如，小米酒品牌“禅音”的包装瓶身上设计有水波纹的装饰线，一方面表示禅音绵绵像水波一般扩散传播之意，另一方面这个设计能够增大人手握持时的接触面积，方便拿取（见图 2–35）。

（2）表面肌理变化法

表面肌理变化法在视觉效果和触觉感受方面都更容易产生亲和力。肌理的表现形式是丰富多样的，即便是同一材质也可以通过疏密、大小等变化派生出不同肌理，而不同材质的运用则可以产生更丰富的肌理变化。

在造型设计实践中，运用差异化的表面纹理不仅能丰富视觉层次感，还能为单调的形态赋予生动的表情，从而深化设计的主题内涵。

例如，在玻璃容器上使用磨砂或喷砂的肌理效果，既可以在视觉效果上增强层次感，又能给人以不同的触觉效果，并增大手与容器之间的摩擦力，同时在容器的局部保留玻璃原来的光洁透明效果。这样不需要依靠色彩，仅运用肌理的变化与对比就可以使设计达到突出的视觉效果，并使容器本身具有明确的性格特征（见图 2–36）。

（3）表面局部特异的变化法

表面局部特异的变化是指在相对统一的造型中安排局部的造型、材料、色泽的变异，从而使整个造型结构富于变化，具有层次感和节奏美。这种变化幅度较大，加工工艺较复杂，成本较高，适用于较高档的容器设

图 2–35 “禅音”小米酒包装

图 2–36 电子扩香器肌理要素包装

计。该方法宜用于盖、肩、身、底边、角等部位。例如，培恩推出的一款龙舌兰酒包装，其瓶口设计没有使用传统的旋转盖，而是选用木质材料，造型优雅又略带一点情趣（见图2-37）。又如，经过精心设计的男士香水瓶，其外观呈方形，巧妙融入了男性刚毅的气质，彰显出独特的个性魅力。同时，瓶身的独特设计充分考虑了用户的握持体验，既符合人体工学，又增加了使用的舒适度，香水瓶内部的液体容器与水平仪造型的结合也非常巧妙（见图2-38）。

3. 基本型的局部造型方法

局部造型，即分段造型，是通过调整包装容器的各部位形态，实现整体形态变化的一种设计方法。瓶罐式包装容器通常由盖部、口部、颈部、肩部、胸部、腹部、足部、底部等构成，任一部位的形态变化均可影响整体造型。下面选择其中几种进行介绍。

容器的盖作为整体造型不可或缺的一部分，其实用性与审美性同样重要。盖的形态设计能赋予容器独特的审美感受，展现其个性魅力，为使用者带来新颖的视觉体验。然而，为有效封合并保护产品，盖的设计通常采用宽檐口或圆形直口设计。在盖子设计过程中，要全面考虑审美象征、口部特征、使用需求以及产品性质等关键要素。确保盖子与整体造型和结构的和谐统一，以创造出既富有个性特色又兼具实用性与美观性的盖型。根据内装物的物理属性考虑，如水、饮料等瓶口就应设计得大一些，而香水等易挥发、使用量小的产品的瓶口则应设计得小一些。

按瓶罐口和盖子覆盖容器部位的类型特征，盖部造型主要有口盖、颈盖、肩盖和异形盖4种。瓶罐盖子造型的变化主要取决于盖顶、盖的棱角、盖体3个部位的线形、面形的变化。

容器颈部的造型设计只改变容器颈部的形线走向，即可创造出新的容器造型。容器颈

图2-37 培恩龙舌兰酒瓶口特异设计

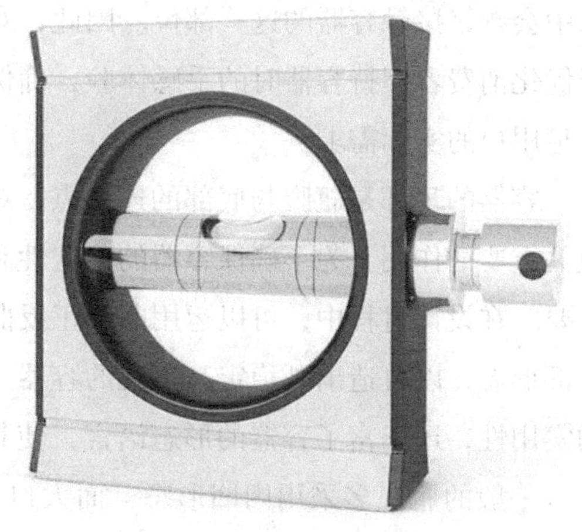
图2-38 香水瓶瓶身特异设计

部的造型，根据实际需要可分为无颈型、短颈型和长颈型。颈部造型是衔接瓶口至肩部之间的部分，无颈型瓶罐直接由瓶口进入肩部造型；短颈型容器具备较短的颈部设计。这种设计主要基于盖部开启与封合结构的实际需求，需要对局部进行适应性调整。短颈型容器相对简洁，且其形态变化并不显著；长颈型容器造型则主要体现在防止挥发、方便把握注出量的各种饮料瓶、酒瓶、酱醋瓶、香水瓶等容器上。长颈型容器可以结合实用与审美需求，对瓶颈的外形线、面进行曲直收放变化与装饰。

瓶罐式容器的肩部设计，通常涵盖抛肩、平肩、美人肩等多种造型。肩部作为容器的重要组成部分，位于容器胸部与颈部之间，具有承上启下的关键作用。因此，在设计过程中，必须高度重视容器肩部与颈部、胸部之间的协调过渡关系。此外，肩线的设计对容器造型的变化具有重要影响，是容器外形中角度变化最为显著的线形。经过精心设计的肩部造型，能够赋予瓶形独特的气质，展现出不同的风格特点，如平肩使肩部趋向水平，使得整个瓶形具有挺拔、阳刚的气质；斜肩则使整个瓶形具有自然洒脱的特性；美人肩则具有古典、苗条、柔和之感。

包装容器的核心部位在于其胸腹部位，这两个部位的形线变化对于多数容器而言具有直接关联性，同时在造型设计上形式更为灵活。容器的胸腹部造型主要可分为以下几类：正反曲线造型、直线单曲面造型、曲线平面造型、折线造型、曲线曲面造型以及直线平面造型等。这些造型类型各具特色，为容器的设计与制造提供了丰富的选择。在设计容器的胸腹部造型时，要注意考虑产品标签的部位与面积，以便后期贴标或印标的设计与加工生产。同时，必须充分考虑人体工程学的要素，因为消费者在日常使用中会频繁接触容器的这一部位。因此，对于这一部位的设计，其核心在于优化消费者握持容器时的手感体验，确保既符合人体工学原理，又能够满足用户的实际需求。

容器的足部是瓶腹与底部的连接点，对容器的稳定性和整体造型起着至关重要的作用。为了确保容器的稳定性和美观度，底足上端的设计至关重要。在设计过程中，可以运用曲线正反曲面、曲线平面以及直线平面等足部形态，以打造出既稳定又美观的容器。这些足部形态不仅增强了容器的实用性，还丰富了容器的形态语言，使其更具艺术性和独特性。

一般的瓶底多采用内凹形态，而大口径的罐子则多采用平底。同时，足部与底部的形态、大小还直接关系到容器的强度和稳定性能。底部封底线外撇造型稳固但显得臃肿，底部封底线垂直造型稳定但较为平庸，底部封底线内收造型不稳定但显得轻巧。

上述造型方法，即根据瓶罐容器的不同部位进行分别设计，是一种有效的造型思维方法，然而它亦存在局限性与相对性。设计师在进行设计时，需妥善处理局部与局部、局部与整体之间的辩证统一关系，确保容器的审美效果与实际应用需求得到全面考虑。瓶罐容器的各个部位并非孤立存在的，而是相互关联、相互影响的。因此，设计师需从整体角度出发，全面考虑各部位之间的协调与平衡，以实现最佳造型效果。

第三节　包装的结构设计

一、包装结构设计的概念

在现代经济社会范畴之中，一种商品的成功，除了商品本身所具备的好的质量和口碑，还与商品的生产、流通、宣传、销售等环节息息相关。然而这些重要环节都与包装结构有着紧密的联系，如果没有良好的包装结构的支撑，商品也无法进行正常的销售与流通，甚至还会产生较大的经济损失。包装结构是形成包装实体和实现包装功能目标的重要因素，其与包装材质、包装工艺、包装装潢、包装储运等内容衔接紧密、相辅相成，共同实现包装的整体功能。

在设计层面上，包装结构设计主要是指基于包装的科学原理，根据产品的形态、物品形式、结构特点等要求，从包装的保护性、便捷性、展示性等基本功能和实际生产条件出发，运用不同的包装材质和成型方式，对包装的内、外结构所进行的设计。包装结构除了可给予包装产品有形的保护，还随着新材料和新技术的进步而发展变化，从而达到更加合理、适用、美观的效果。此外，我们还可以把包装结构的系统化设计看作为内装产品服务的基础性业务，可为包装结构解决科学技术性问题。

二、包装结构的功能

虽然现在的包装（如运输包装、销售包装）种类繁多，但在设计上仍存在两大类问题：一是商品包装外观的过度装潢问题；二是忽略商品包装保护性功能的问题。这些问题是由于设计师过度追求商品包装装潢设计的美观性，从而忽略包装结构设计对于保护商品安全的重要性导致的。换言之，即目前有些设计师认为包装的外观装潢设计更为重要，并期盼通过包装外观的鲜艳色彩、个性图形、奇特文字来打动消费者，从而使消费者与包装产生视觉感官的趋同性，进而达到从情感和审美层面刺激消费者购买欲望的目的。然而，这类感性设计却往往会使设计师忽略了包装设计所需的客观性以及市场实际需求等问题，导致最终设计出来的包装缺乏功能实用性。此外，包装结构的设计是为功能服务的，包装结构的功能主要包括保护功能、经济功能、审美功能等。

（一）保护功能

保护功能指的是包装对其包装内容物所起到的安全保护作用。包装结构的保护功能主要表现在内部保护性结构和外部保护性结构对包装内容物的保护上。内部保护性结构是直接与产品接触的。一方面，可利用结构设计将包装内的产品进行固定，使之不会因受到外力而产生晃动，从而达到防止内装产品受到损坏的目的；另一方面，也可利用结构设计分隔内装产品，防止其与外界接触，从而达到防潮湿、刮擦及冲撞的目的。例如，三星电子设计的折叠类智能手机包装（见图 2–39）是以甘蔗和竹浆为原料并借助模具制作出的环保包装，且采用了将主要产品与配件分开的包装结构，使其单独的组件可以组装成简单的连接结构，这不仅可较好地保护内装产品，还易于拆卸。外部保护性结构则是不直接与产品接触的，但可对内装产品和内部保护性结构进行二次保护，防止其受到外界因素的影响而产生不必要的损耗，同时便于商品的储运和摆放。发挥包装的保护功能要注意以下 3 点。

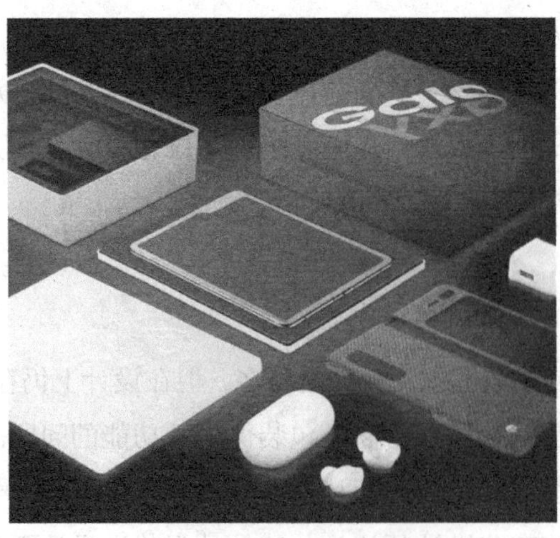

图 2–39　折叠类智能手机包装设计

第一，包装内部结构对产品是否起到安全保护作用，是由内包装产品的最终呈现状态决定的，同时也反映内包装结构的保护性功能的好坏程度。

第二，包装盖部（开启、闭合部分）结构与包装整体形态的设计契合程度，以及由两者构成的包装整体对内装产品的安全保护强度。

第三，包装结构设计对生态环境的积极影响，有利于包装生态的可持续发展。在设计结构时，设计师要考虑这个设计是否符合绿色设计的标准。

（二）经济功能

包装的经济功能主要体现在其对经济价值与社会价值的创造和转化上。包装结构的经济功能可以从包装成本和包装价值两个方面进行分析。

包装成本是衡量包装及其包装内容物经济价值的重要因素之一。它不仅在一定程度上反映了包装在材料、结构及形态等方面的优劣程度，还直接表明了包装内容物的经济价值。包装结构作为包装系统的一部分，其在包装成本中的体现主要包括设计复杂程度、生产和使用的简易程度，以及材料选择等方面。

设计复杂程度直接影响包装的制造成本。复杂的设计通常需要更多的工艺流程和更高的技术要求，从而增加了生产成本。同时，复杂的设计可能增加包装的使用难度，影响用户体验。因此，在设计包装结构时，应尽量简化设计，以降低生产成本并提高使用的便捷性。包装材料作为包装结构设计的物质载体，其市场价值和使用特性是影响包装成本的重要因素。不同材料的成本差异很大，且不同材料具有不同的物理和化学特性。设计师在选择材料时需要综合考虑材料的价格、可获得性、环保性和对产品的保护作用。例如，纸质材料相对便宜且环保，但不适用于需要高强度保护的产品；而塑料材料尽管成本较高，但具有优异的防水、防潮和防震性能。包装形态是包装结构设计的最终呈现方式，其在包装生产、流通和销售等环节中的作用以及与这些环节的关系，都会影响包装的经济功能。不同的包装形态会对储存空间和运输效率产生不同程度的影响。例如，优乐美的杯装包装与果遇茶的袋装包装在储存空间上的要求差异较大（见图 2–40）。

（a） （b）

图 2–40 优乐美与果遇茶的冲泡奶茶产品的包装结构对比

包装价值作为衡量包装及其内容物经济效益与社会效益的重要因素，不仅反映了包装所具有的经济价值的高低，也表现了包装所具有的社会价值的大小。包装的功能、特性、品质、品种、样式等因素为包装整体及其内容物带来的经济效益，以及包装形态、结构设计和材料选取给社会发展和生态环境带来的社会效益等，都是包装价值的体现。

包装结构在包装价值这一经济功能中最为直接的体现就是结构设计对包装功能、形态的影响，以及包装后续使用过程中所产生的影响等。具体来说，包装通过改良或创新结构设计的手段，改变包装已有的功能特性或者增添新的功能形式来优化包装的形态，最终达到提高包装附加值以获取更多经济效益的目的。此外，我们还可以通过结构设计来优化包装的可持续发展性，使包装功能生态化，实现包装生态环境的绿色发展，以此来促进经济效益与社会效益的平衡。

（三）审美功能

包装的审美功能特指通过包装结构设计为消费者创造美感的过程。这一功能主要体现为包装结构设计的物质形态在改变商品包装形态和功能形式时所产生的精神形态中的审美表现，即消费者对包装的结构设计产生的审美感受。此外，人们的生活需求和品位还决定了包装结构的双重需求，即物质需求（实用功能）和精神需求（审美功能）。具体来说，包装结构设计是为包装内容物而服务的，但产品包装设计则是为人服务的。例如，深圳市甲古文创意设计有限公司设计某款啤酒包装（见图 2–41）。一方面，瓶身应用了三维图像，瓶颈印刷了产品信息，带来了简单大方的视觉

图 2–41 啤酒包装设计

效果；另一方面，在艺术效果上，瓶身上的浮雕设计使整个产品看起来像一件艺术品。这种新奇有趣的设计手法能够在消费者和产品之间建立情感联系，激发消费者的审美感受和购买欲望。此外，这款包装结构设计的出发点并不在于实用性上，而是在满足包装基本功能的基础上，为了调动消费者的审美心理而设计的。由此看来，不管是包装的系统性设计，抑或包装结构设计，在满足功能需求的同时，也要注重包装外在形式的审美表现。

三、包装结构的分类与设计

包装结构主要可分为 4 种类型，即保护性结构、装饰性结构、功能性结构、策略性结构。不同类型的包装结构设计在包装的生产、流通、销售等环节中都有着独特的功能，主要体现在 4 个方面：一是利用具有保护产品内容、形态、性能等作用的保护性结构，使消费者安全使用产品；二是利用具有商品促销作用的策略性结构，使商品包装便于陈列与销售，快速与消费者建立友好互动的关系；三是利用具有美化作用的装饰性结构，对商品进行视觉上的美化，拉近商品与消费者的距离，激发消费者的购买欲望；四是利用具有结构增强作用的功能性结构，增强包装的结构性能，为包装的运输、销售、使用等环节提供更多便利。

（一）保护性结构及其设计

保护性结构是指根据商品的形态、性质、机能、运输环境、销售环境等因素，利用相应的材料及科技手段来设计的包装结构。保护性结构能确保商品在流通至使用过程中的安全，以此来完美保持产品的质量、性能与价值。下面介绍 3 种常见的保护性结构。

1. 独立内包装结构

独立内包装结构可分为两种：销售型独立内包装结构和结构型独立内包装结构。前者兼具包装结构的保护性和展示性功能，后者则只具备包装结构的保护性功能。销售型独立内包装结构是指在一个大包装内对产品进行独立分装的包装结构，其通常有着体积小、便于携带、结构简单、开启简易等特点。同时，销售型独立内包装结构的设计不仅不会对商品的价值造成影响，反而会降低消费者的购买成本，刺激消费者的购买欲望，并使商品更易于被批量销售。例如，俄罗斯设计师克森亚·伊波利托娃（Ksenya Ippolitova）设计的某款食品包装（见图 2–42）。为了方便包装的运输与储存，该产品外包装采用的是方形盒子的设计，除了可以在盒子顶部正常开启外包装，还可以在盒身的虚线切合处进行开启，而且盒身上的虚线还具有包装展示的功能。独立内包装不仅使产品具有单独分装销售的功能，其包装结构还能对包装内容物起到较好的安全保护作用，也使产品易于携带。

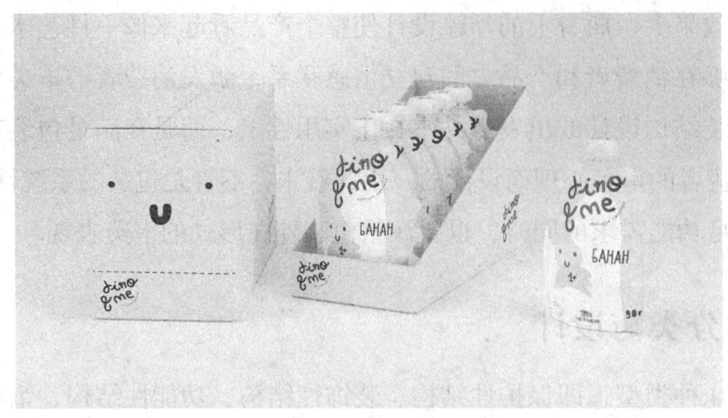

图 2–42 食品包装设计

结构型独立内包装结构是指在一个大包装里的内包装结构不具备使其包装内容物进行独立分装或单独销售的功能，其结构仅保留了包装的保护性功能，防止包装内容物在流通过程中被损坏。例如，罗技（Logitech）公司推出的某款鼠标的包装（见图 2–43）的整体设计保持了优质的消费者拆箱体验，其独立内包装结构的设计有效保护了内装产品的安全。

2. 内外一体式保护结构

内外一体式保护结构多指的是“一纸成型结构”或一体式包装。这种包装是由外包装保护结构与内包装保护结构组合而成的包装集合体，并通过折叠、裁剪的方式来完成整个包装结构的成型，保留了整个包装结构的单一性与整体性。这种包装结构具有开合方便、整合性强、收纳方便等特点，能极大地提高包装的使用效率。例如，深圳市旺盈彩盒纸品有限公司

图 2–43 鼠标包装设计

设计的某款鸡蛋包装（见图 2–44）采用的是一纸成型结构，仅通过一张瓦楞纸板和无胶扣来完成整个包装设计，既环保又实用，而且包装结构简单，操作方便，并配有提手，使产品便于携带。包装采用了稳定的三角形设计，可以使鸡蛋“悬浮”在盒子中而不被外力挤压，从而对产品起到较好的安全保护作用。包装本身可以扁平运输，有效降低了成本，也便于回收利用。

随着生产技术手段的进步及材料种类、特性的开发，为了更好地满足生产要求及获取更多的经济效益，内外一体式保护结构的设计已不仅仅局限于一纸成型了，类似于内外连体结构的组合式包装也可算入内外一体式保护结构的范畴。例如，深圳市旺盈彩盒纸品有限公司设计的某款葡萄酒包装（见图 2–45）。此包装由瓦楞纸板制成且无须胶水粘贴，易于组装和打开。其包装结构共分为两部分，一部分是作为外包装的盒身，另一部分则是作为缓冲结构的内包装。两部分都采用了一纸成型技术，最后再将两部分组合成完整的包装。这种新颖的包装结构设计，不仅改善了葡萄酒包装在运输过程中的缓冲性，还使包装具有出色的开箱体验。

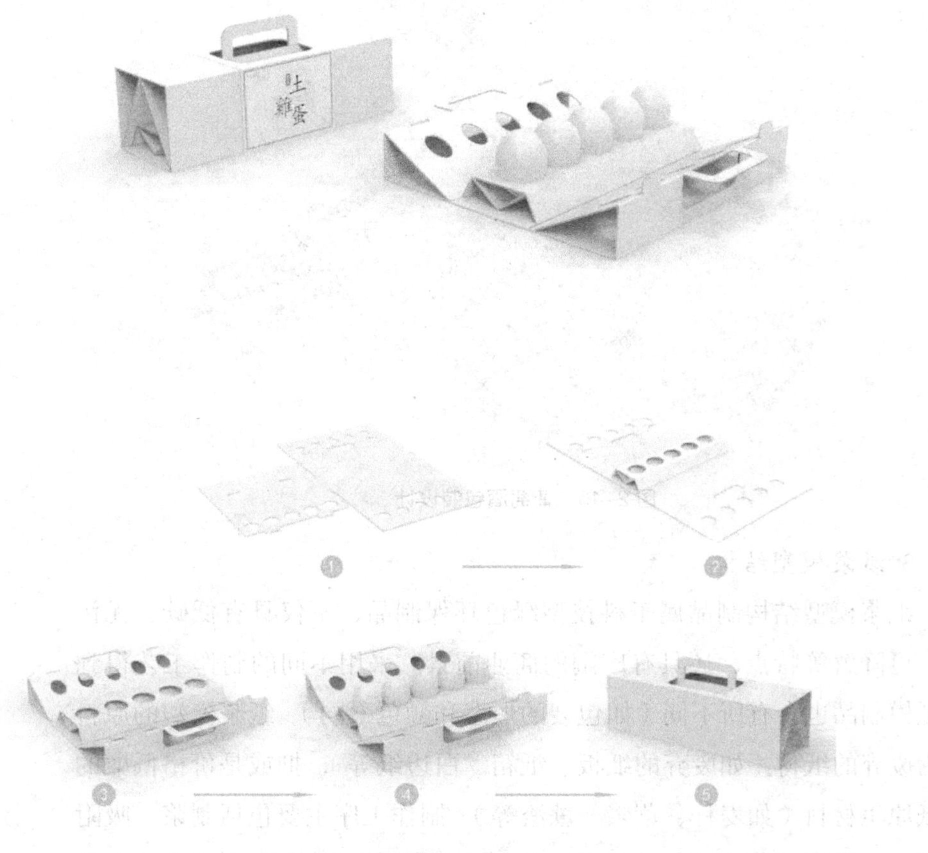

图 2–44　鸡蛋包装设计

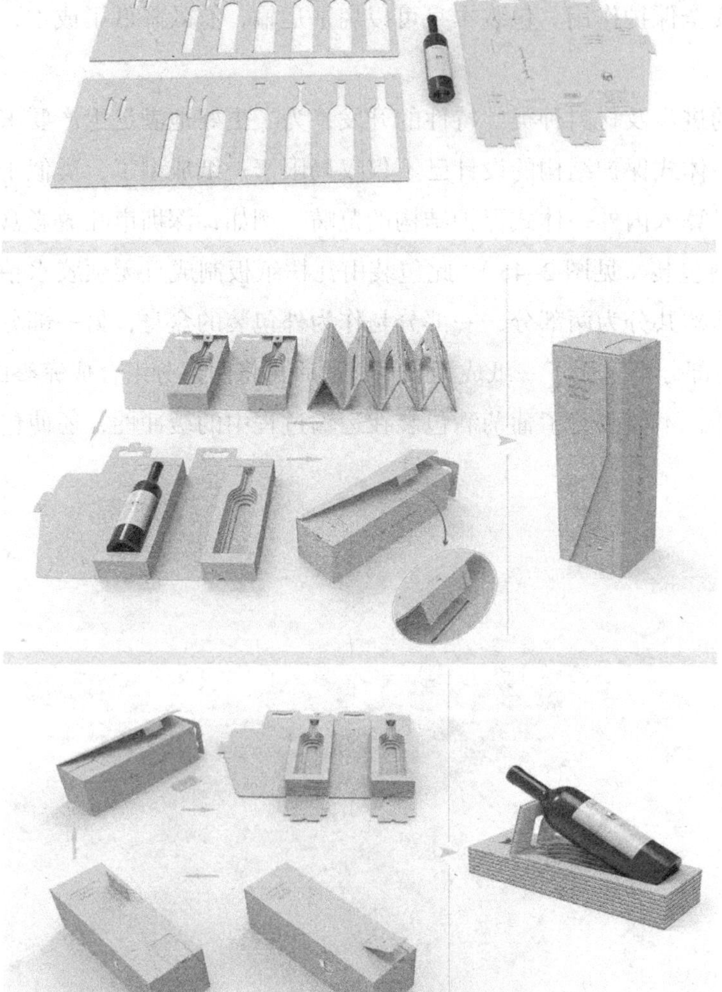

图 2–45 葡萄酒包装设计

3. 纸浆模塑结构

纸浆模型结构制品属于科技型绿色环保制品，不仅具有低碳、无污染、可降解等特点，还具有广阔的商业前景。采用不同的制作工艺得到的纸模制品也会有所不同（如包装的形态和颜色不同）。纸浆模塑的原料多为废弃的纸材（如废弃的纸板、纸箱、白边纸等），抑或是价格低廉的制纸原生材料（如麦秆、草浆、蔗渣等）。制作工序主要包括制浆、吸附成型、干燥定型等流程，而且生产过程中还可将产生的残次品通过重新打浆来进行再生产，或者是将废弃的纸浆模塑进行回收再生产，以减少对环境的污染。纸浆模塑包装结构的体积比发泡塑料要小，不仅可重叠，还便于运输。随着纸浆模塑技术的成熟以及在绿色包装理念的推广作用下，纸浆模塑包装的市场占有率正逐渐升高，使用纸浆模塑包装的相关产品也越来越多。例如，深圳市柏星龙创意包装股份有限公司设计的这款天佑德酒包装（见图 2–46）。这款包装采用仿生概念进行设计，以“一片叶子”为产品包装的造型，使包装设计理念一目了然。包装还选取了可降解的环保材料，采用了纸浆脱模工艺制作而成，节省了包装成本及包装内空间的余量，并规避了产品被过度包装的可能性。

值得一提的是，纸浆模塑结构和纸包装结构在结构上也略有不同之处。纸浆模塑结构是通过测算出产品的尺寸来制造出一定的空间，并利用空间将产品固定的。例如，深圳市大家创库设计有限公司设计的这款稻夫子大米包装（见图 2–47）。这是一款环保型包装，采用纸浆模塑的模制技术制成，符合产品的原生态理念，使包装与产品相互呼应。

纸包装结构通过纸的正折和反折制造出空间并将产品进行固定，产品和纸是有直接碰触的。例如，奈斯创意公司设计的这款观稻海大米包装（见图 2–48）。其外包装使用的是常规的纸包装结构，通过包装装潢的视觉元素来吸引消费者的目光，从而激发消费者的购

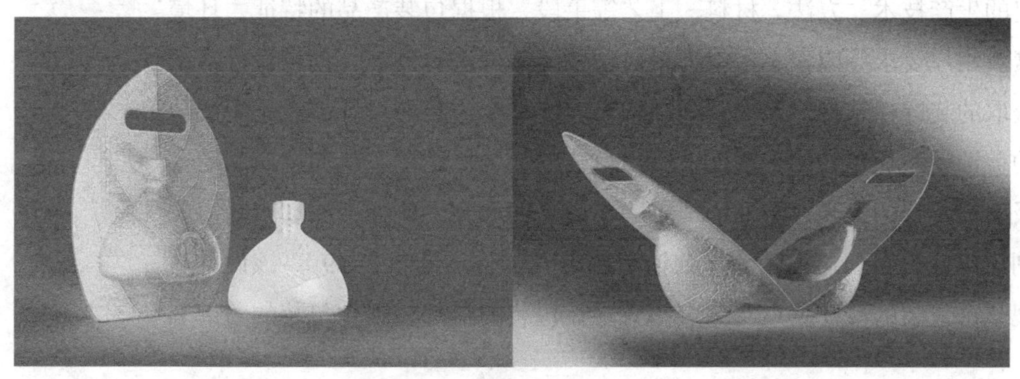

图 2–46　天佑德酒包装设计

图 2–47　稻夫子大米包装设计

图 2–48　观稻海大米包装设计

买欲望。纸浆模塑结构在制作流程和用材上，确实要比纸包装结构省工省材，这也是纸浆模塑得以迅速发展的原因所在。而且无论是原材料的选择、制作流程、纸膜成品的使用，还是废弃物的回收利用等，纸浆模塑结构都符合绿色设计理念，不仅可以减少成本投入，还可以取得较好的经济效益。

（二）装饰性结构及其设计

装饰性结构是指根据包装产品的特征、环境因素及用户要求等，选择一定的材料，采用一定的技术方法，运用美学法则（点、线、面、体等多种形态要素的规律）对包装的立体外观进行艺术设计而形成的结构。设计具有美化装饰功能的结构，可以美化商品，拉近商品与消费者的距离，促使消费者购买行为的发生。

1. 盖部装饰结构

一个完整的包装，可分为盖部、盒体及底部三部分。盖部是三者中最容易进行创意设计的部分。盖部装饰结构是指通过运用美学法则，采用一定的生产技术、方法、材料、工艺等手段，根据包装产品的特征、环境因素及用户要求等因素，集中力量对包装的盖部进行创新、创意设计活动所获取的装饰性结构。盖部装饰结构可以使整个包装的设计亮点集中到包装的盖部，强化包装的美观度，突出包装的装饰性结构，从而使商品更容易吸引消费者的目光，激发消费者购买商品的欲望。例如，深圳市前海天玑创意设计有限公司设计的这款钓鱼台白酒包装（见图 2–49）。该设计就是把整个包装的设计重点及亮点都集中在包装的盖部，强化包装的盖部装

图 2–49 钓鱼台白酒包装设计

饰结构设计的视觉效果，并且使其与其他部位的装饰性设计拉开距离，使视觉集中于一点，更容易引起消费者的审美共鸣，进而产生消费冲动。

在采用仿生概念的包装设计中，我们也常常能发现盖部装饰结构的踪影。例如，巴西某创意工作室设计的调料包装（见图 2–50）。该系列包装中的“熊猫包装”和“北极熊包装”的盖部装饰结构设计也是非常吸引人眼球的，设计师把熊猫与北极熊的形象进行仿生并应用到包装上，通过包装结构与包装装潢中的造型与视觉等识别性元素来强化包装的装饰性及美观性，从而使包装呈现出一种诙谐幽默的效果，迎合了市场及特定消费群体的需求。

2. 盒体装饰结构

盒体装饰结构的设计原理类似于盖部装饰结构，指通过运用美学法则，采用一定的生产技术、方法、材料、工艺等手段，根据包装产品的特征、环境因素及用户要求等，集中力量来对包装的盒体进行创新、创意设计活动所获取的装饰性结构。包装可通过盒体装饰结构来美化商品包装的展示效果，并突出自身设计亮点，营造包装视觉中心点，从而拉近商品与消费者的距离，促使消费者产生购买行为。例如，上海悟形文化传播有限公司设计的这款友肌洗护产品系列包装（见图 2–51）。该设计除了每款包装上都有着独特的数字符号设计，并无其他独特之处。设计师为了使该包装尽可能简单和纯净而特地放弃了其他部位的装饰性设计，并尝试运用设计手段将数字“0、1、2”与波纹相结合，形成包装瓶体部位的独特装饰性结构设计，最终将其作为区分“养发、洗发、沐浴露”等产品包装的标识。这使产品包装的外观具有强烈的沟通力，并且清楚地向消费者传达产品的使用场景和顺序的相关信息，同时也暗含了品牌安全、亲肤的理念。

一些使用拟人形态的包装设计，其包装的装饰性结构为盒体装饰结构。例如，深圳市甲古文创意设计有限公司设计的这款三两匠白酒包装（见图 2–52），便采用了盒体装饰结构设计为包装增添标识性符号。该设计以三星堆遗址的出土文物为创意出发点，融合现代审美工艺，并以黑色为主色调来显示包装产品的高贵与神秘感。同时，包装容器的瓶身以

图 2–50 调料包装设计

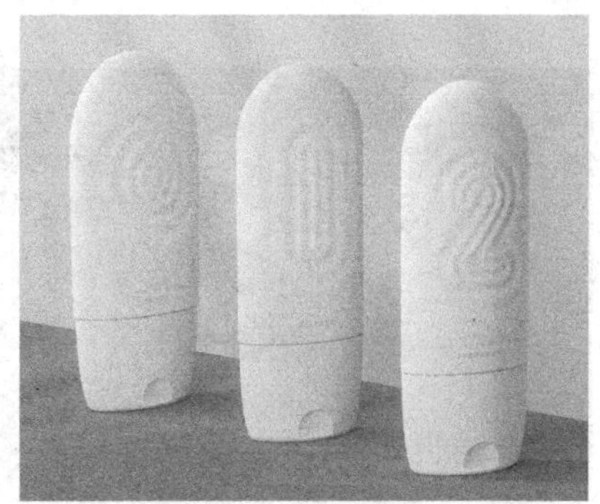

图 2–51 友肌洗护产品系列包装设计

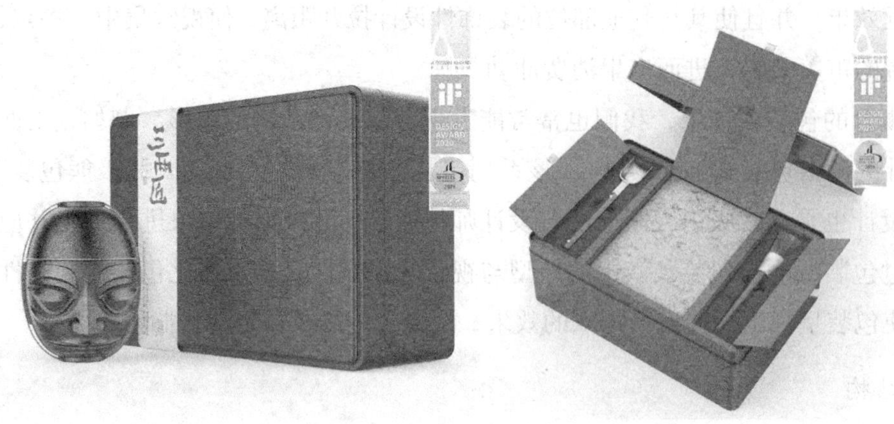

图 2-52 三两匠白酒包装设计

三星堆青铜人面像为基础来进行包装造型拟人结构形态的装饰性刻画，从而强化了包装的审美美感并突出包装结构的装饰性作用，以此来吸引消费者，达到促进产品销售的目的。

我们还可以在一些开窗式包装或者趣味性包装中见到盒体装饰结构设计的踪影。例如，图 2-53 所示的扑克牌的包装设计通过盒体的开窗结构，巧妙利用内包装的视觉元素来反衬外包装的装饰性效果，从而为消费者带来独特的视觉感受和审美体验。

3. 附加装饰结构

附加装饰结构跟盖部装饰结构和盒体装饰结构略有不同，是通过增加包装辅助构件或者包装辅助功能的形式来实现并强化包装美感或装饰性功能的一种附加性包装结构。换言之，附加装饰结构对于包装的装饰性与功能性设计来说，更多的是起到辅助作用，而不是占据主导地位。例如，图 2-54 所示的这款洗发水包装，增加了包装封套作为包装的附加装饰结构设计。这种包装设计的目的是与其他有机洗发水产品区分开来，并采用

图 2-53 扑克牌包装设计

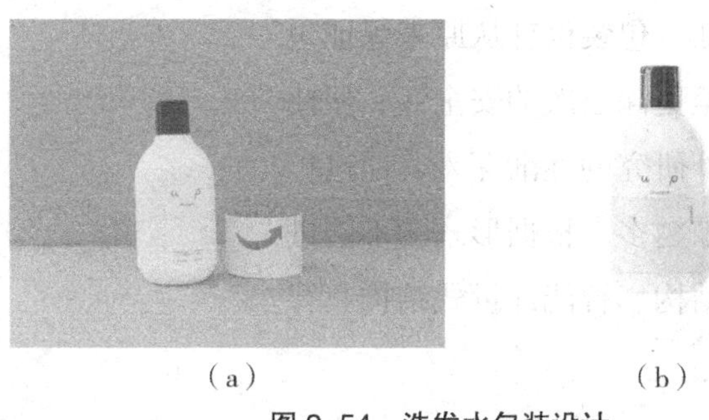

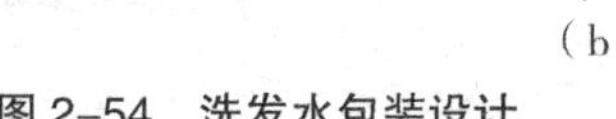

（a）　　（b）

图 2–54　洸发水包装设计

图 2–55　大米包装设计

稍微拟人化的方法来表达人们在淋浴时的感受。该包装的装饰性效果主要表现在使用黄色的微笑形象将洗发水瓶装扮得更加俏皮和醒目，以此来强化包装的美感，使包装更易吸引消费者的注意力。

通过增加包装辅助构件的方式来进行设计，还可以强化包装的整体性，使包装的形象更为丰满、生动。例如，图 2–55 所示的这款大米包装，就是通过增加包装辅助构件来完成包装的整体形象设计的，并利用辅助构件的附加装饰结构设计塑造了一个“农民伯伯”的形象，强化包装的生动性及美观性，从而激发消费者强烈的审美共鸣，使其更容易记住包装的识别性特征。

此外，通过增加包装辅助构件来进行附加装饰结构的设计，也可为包装增添不一样的装饰性效果，强化包装本身已有的美观性及功能性作用。

（三）功能性结构及其设计

功能性结构是指在满足包装基本功能需求的基础上，通过特定的包装结构设计来增强其现有的包装性能，并且可拓展产品后续的包装功能，使其可为运输、销售和使用等环节提供便利。这里我们主要对功能性结构中的智能化结构进行介绍。

在介绍智能化结构之前，我们得先了解下什么是智能包装。智能包装是指在“包装过程中加入集成元件或利用新型材料、特殊结构及技术等，使包装具有模拟人类行为的功能，以代替人在包装使用过程中的部分行为步骤，在满足传统包装功能的基础上，对产品的质量、流通安全、使用便捷等功能中某个方面进行积极的干预与保障，以更好地实现包装流通过程中使用与管理功能的一种新型包装”①。智能化结构则是指借助压力、弹力、机械设计等物理学原理，采用增加或者改进某些部分的包装结构，使包装拥有某些特殊的功能和智能化特征，以此来满足包装使用的简洁、方便、安全需求的一种包装结构形式。采用智

① 罗爽爽、彭玥、唐乐天：《随着 5G 时代设计模式变化而产生的智能包装设计的替代性要素分析》，《信息记录材料》2020 年第 3 期，第 127–129 页。

能化结构的包装具有新的特殊功能和智能化特征，包装设计从原来保证包装整体的稳定性、易用性及可靠性等方面延伸至更深层次的安全性、便捷性及管控性等功能特性。随着对智能化结构设计研究的逐渐深入，通过扩展包装的功能来提升包装附加价值的包装也越来越多。根据形式的不同进行分类，智能化结构大致可以分为智能按压式结构、智能计量式结构、智能障碍式结构、智能驱动式结构。

1. 智能按压式结构

按压的操作方式来源于我们的日常行为习惯及使用需求，其操作过程相较于其他操作方式来说更加方便、快捷。而在包装设计中，智能按压式结构通过按压的形式来驱动包装（容器）内部的相关结构，从而实现内容物的直接获取或使用，可起到简化操作步骤及提升使用效率的作用，是一种便捷性能高且具有人性化的包装结构形式。具体来说，该结构是通过按压装置来改变包装（容器）结构内部空间的能量变化，并利用产生的压力或弹力来实现包装（容器）的快速开启或包装内容物的方便获取。例如，高露洁的按压式牙膏包装设计（见图 2–56）。其与传统的牙膏包装有明显的不同。传统的牙膏包装需要使用者手动挤压包装来获取牙膏，在牙膏的最后使用阶段常因为有残留物不能被挤出而造成浪费；高露洁这种按压式牙膏包装只需要使用者按压指示区，利用内部真空泵的吸力来获取牙膏。这种包装为用户使用带来便捷的同时还能够有效地减少浪费。

2. 智能计量式结构

智能计量式结构是指将包装中某一特殊部分作为计量器具结构来使用，使其在包装使用过程中可量取被包装物（包装内容物）的一个已知、

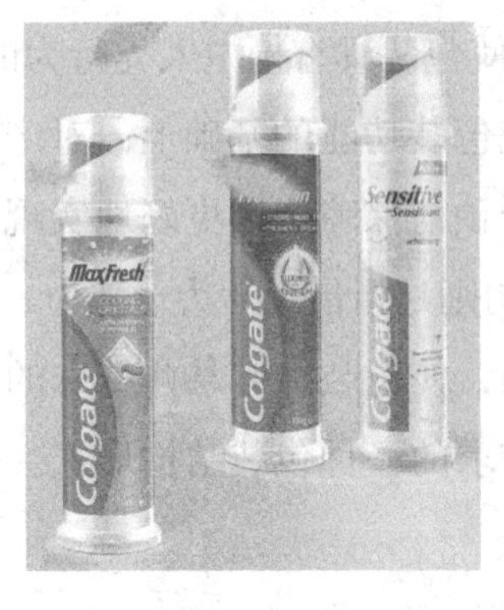

（a）

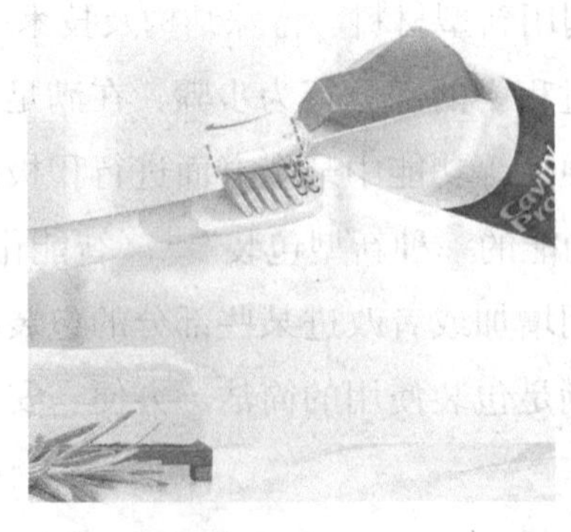

（b）

图 2–56 高露洁按压式牙膏包装设计

固定的量，是满足人们取用合理用量产品需求的一种包装结构形式。例如，图 2–57 所示的意大利面包装，其柱状的包装外形能够方便地容纳长且直的意大利面。这款包装的顶部开口处设有两个大小不等的圆孔出口，分别为一人份和两人份计量器，在使用过程中用户可以根据实际需要转动灰色部分，旋转至所需量的开口位置倾倒出意大利面即可。

3. 智能障碍式结构

智能障碍式结构是指通过改变包装整体或局部的结构，适当增加障碍元素来限制或调控包装的开启行为，从而实现保护内装物及防护特定对象安全的一种包装结构形式。其中，障碍元素是用来限制目标人群开启行为的结构设计的关键，可以结合按压、旋转、抽拉等操作方式来进行组合性设计。具体来说，智能障碍式结构通过结构设计的特殊性来限制使用对象的开启行为，进而实现对产品及目标人群进行安全防护的作用。其优势在于针对不同的防护功能用户可以灵活选择不同的障碍元素，并且可以通过逆向思维方式结合目标人群的厌恶心理和生理特点来设计更多表现形式。例如，图 2–58 所示的巧克力包装。该包装采用了绝对限制性障碍结构来限制使用人群的非正常开启，保证了商品包装在未开启前处在完全封闭的环境当中；而且用户只能通过破坏包装本体的限制性结构的方式打开包装，包装在打开后会留下开启凭证并且无法恢复原样，可以作为一种有效的包装防伪手段来使用。

4. 智能驱动式结构

智能驱动式结构是指通过驱动结构引导并触发包装内部的相关材料或者技术来改变包装内部原有的空间状态，从而实现包装在使用或流通过程中的某种特殊功能的一种包装结构形式。具体来说，这种结构形式针对的是特定的用户需求或问题，从功能作用、技术原理、

图 2–57 意大利面包装设计

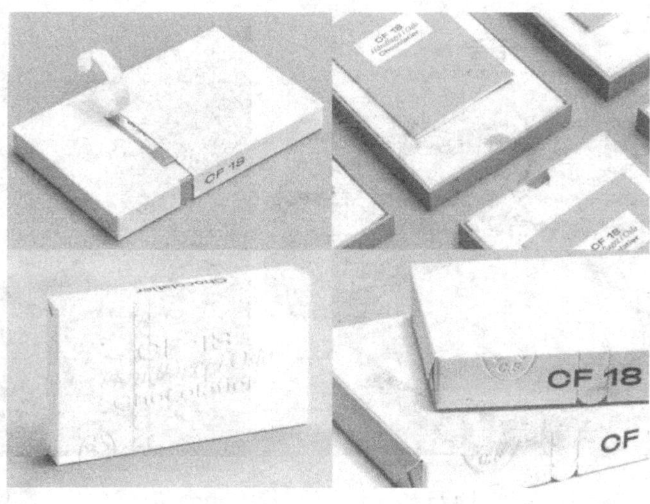

图 2–58 巧克力包装设计

触发方式、空间结构和指示信息 5 个方面来对包装的内部结构进行整体设计，从而引导并驱动相关技术产生某种特殊功能。例如，在海底捞的自煮火锅包装设计中（见图 2–59），用户可通过激活包装内部的加热包以及在其包装内短暂形成一个较为封闭的空间来进行蒸汽循环并加热食品。

（四）策略性结构及其设计

策略性结构是指带有策略性的促销结构，其能在销售环节中便于商品的陈列与销售，并以最快的速度与消费者建立友好互动关系。换言之，策略性结构即设计师设计的在有限的陈列空间内实现产品的展示与堆码，并且激发消费者的消费欲望，促进产品销售的结构。下面对开启策略结构、形式策略结构、组合策略结构进行分析。

1. 开启策略结构

开启策略结构通常指的是开启或闭合包装时所用到的结构。不同的包装（容器）形态有不同的包装开启方式及结构形式设计。开启策略结构是消费者在使用产品时便会触发的包装结构，其开启方式及结构形式的设计往往能在一定程度上影响消费者的体验感及心理愉悦度，从而对商品的后续销售情况产生积极或消极的影响。因此，开启策略结构设计就是在包装开启方式及结构形式上进行策略性结构设计的一种营销设计手段，也缓解了消费者对当下包装开启方式所产生的审美疲劳，从而以一种新颖的包装开启方式及结构形式来吸引消费者对商品的关注。例如，妙手回潮设计的

（a）

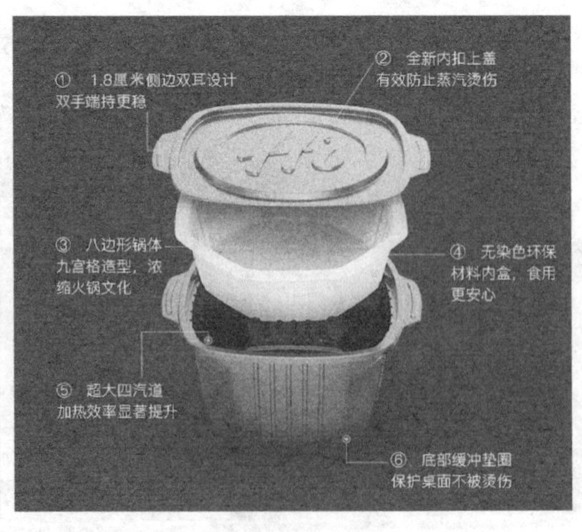

（b）

图 2–59 海底捞自煮火锅包装设计

这款月饼包装（见图 2–60）采用的是类似于孔雀开屏的扇形式包装开启结构设计，通过包装底端一侧的纽扣进行包装开启面的固定连接，再从包装的顶部进行开启展示，是方便商品包装陈列展示的一种功能性包装。此外，该包装从闭合时的“单体建筑”形态再到开启时的“群体建筑”形态，呈现出一种万家灯火的视觉效果，极具吸引力。相较于传统的开启结构来说，这种包装开启结构的设计更能给消费者带来不一样的体验，也更容易刺激消费者产生购买行为，促进商品销售。

开启策略结构设计不仅便于商品包装在展架上的陈列及展示，同时也可以利用其特殊的结构形式来强化包装的装饰性功能和保护性功能。例如，深圳市甲古文创意设计有限公司设计的这款今世缘 · 吉祥中国酒包装（见图 2–61）。该包装采用的是圆柱体卡扣的旋转开启结构，而且其结构还使包装的整体形象像“灯笼”一样，进一步强化了包装的标识作用。可旋转的包围式结构，不仅极大地提高了包装的保护性功能，还可以通过包装结构的间隔缝隙来实现包装的展示功能，是一个兼具实用性与审美性的策略性包装。

2. 形式策略结构

当前的消费市场上出现了一种乱象，当某一个包装（结构）受到消费者的喜爱而获得市场的推崇时，同类型的产品便会一拥而上地争相模仿，以致包装市场中出现了许多包装（结构）同质化的现象。如何有效提高产品包装的竞争力已成为目前行业亟待解决的问题。形式策略结构设计是从结构的合理性及独特性出发，为了打动消费者并使消费者与产品产生情感共鸣而进行的包装形式创新，是一种以策略性的眼光来对包装结构形式进行创新或改良的设计及营销手段。例如，图 2–62 所示的酒包装。该包装的设计理念与书籍的结构形式进行融合创新，采用书籍的外观造型形态，并将“书籍”包装内部挖空后作为酒瓶的保护性结构使用。这种独特的包装形态及结构形式设计展示了新颖的包装方式，强化了包

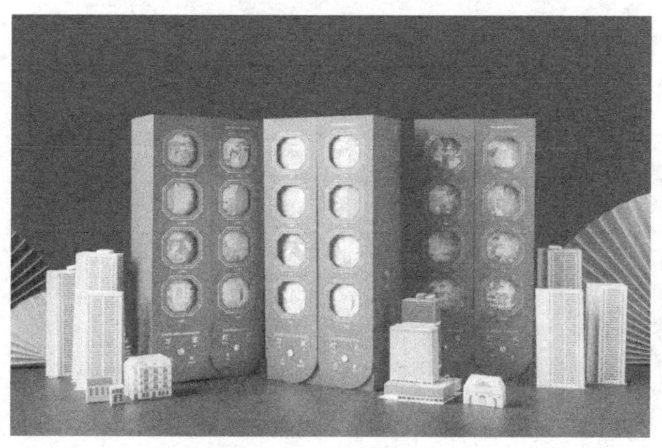

图 2–60　月饼包装设计

图 2–61　今世缘 · 吉祥中国酒包装设计

图 2-62 酒包装设计

装的装饰美观性，使商品具有强烈的视觉冲击力，从而更容易吸引消费者。这种独特的形式策略结构也能使商品更快地与消费者建立起审美情感联系，进而起到促进商品销售的作用。

形式策略结构设计还可以通过与包装的保护性功能结合，使包装结构形式同时兼具保护性结构和展示性结构的功能，以此来强化包装的实用性。例如，深圳市柏星龙创意包装股份有限公司设计的这款小糊涂仙酒包装（见图 2-63）。该包装的外保护性结构部分采用与鱼形象结合的仿生造型形态设计，不仅使包装具有一定的亲和力，还因包装结构的独特性而给商品带来新颖的展示方式。该包装以山作为视觉符号进行酒瓶装潢设计，也使其包装与产品共同营造出了一种“有山、有水、有酒”的意境，并形成了包装特有的营销手段，从而达到促进商品销售的目的。

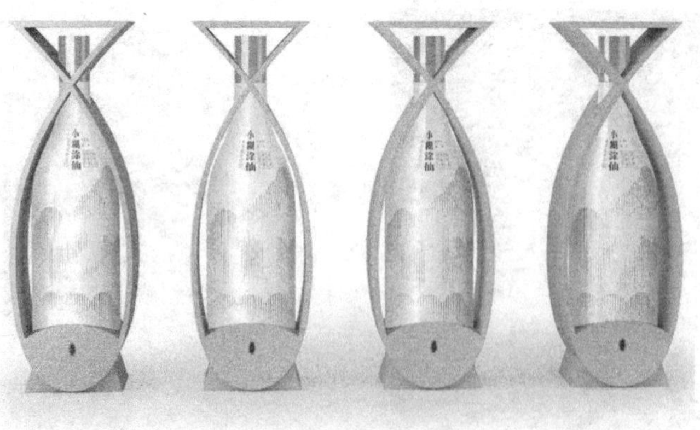

图 2-63 小糊涂仙酒包装设计

3. 组合策略结构

当单一商品的单体售价过低或者其包装形式不利于商品批量售卖时，商家往往会采取组合包装的结构形式进行多个商品的捆绑售卖。一方面，这可以大幅度提高商品组合式包装的经济属性，有利于商家销售更多的商品，从而获取更多的经济收益；另一方面，这也方便消费者进行大批量商品的购买，较好地解决了在购买小批量商品时的包装携带问题。此外，商家在进行商品促销活动时，也会推出更利于商品销售的组合式包装进行售卖。因此，商品组合式包装设计是否合理，将直接影响到商家相关经济收益，这也体现了组合策略结构设计的重要性。组合策略结构设计通常是指利用一些带有促销性质的包装结构来将多个独立包装进行重新组合而形成新包装形态的一种设计活动，也属于一种营销手段。例如，家乐氏推出的“家庭组合装”谷物包装（见图 2–64）。这个组合包装内含多个不同口味的小包装谷物，每种口味都有独立的小包装，整体放在一个大的纸盒中。组合包装通常比单独购买每种口味更优惠，吸引消费者一次性购买更多产品，提升销售量。组合包装方便消费者携带和存储，特别适合家庭购买，一次购买即可满足一段时间的需求。商家经常在节假日或促销期间推出这种组合包装，搭配赠品或优惠券，增强购买吸引力。这种设计策略不仅提高了产品的经济属性，便于消费者购买和携带，还提升了品牌的市场竞争力。

组合策略结构设计还可以通过多个独立包装之间的组合堆积或摆放的效果来实现等同于组合式包装的视觉展示效果，这同样也是带有策略性的结构形式设计。例如，炽点互动

图 2–64 “家庭组合装”谷物包装设计

设计的见山茶叶包装（见图 2–65）。该设计通过独立分装的单体包装进行组合摆放而形成组合式包装的视觉展示效果，这得益于其在进行单体包装设计时考虑到了组合包装结构形式的设计。

皮普·汤普金设计工作室设计的骰子游戏套装（见图 2–66），同样也利用了单体包装的组合堆积效果来实现组合结构形式的包装展示效果。

图 2–65　茶叶包装设计

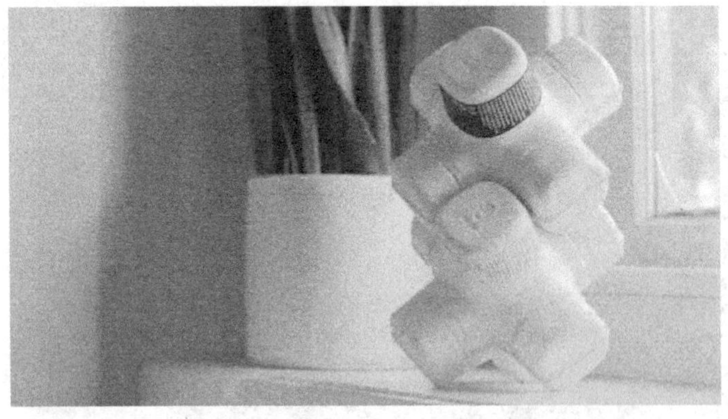

图 2–66　骰子游戏套装设计

第三章 包装的平面视觉设计

包装的平面视觉设计是通过印刷和其他加工工艺手段，对包装外表进行视觉化、信息化的设计，以使商品包装在销售过程中有效地起到传达商品信息和促销宣传的作用。正确把握视觉传达设计的一般原理及包装设计特有的形式特点和规律，强化市场意识和注重品牌形象的设计概念，从企业营销发展的战略高度对包装设计进行整体性、战略性思考，是包装平面视觉设计取得成功的关键所在。

第一节　包装平面视觉设计的特征

包装平面视觉设计的意义在于加快视觉符号的传达速度并增强视觉信息对消费者的影响力。它属于视觉传达设计的范畴，更加倾向于印刷平面设计。但由于传达的方式、内容和载体有所不同，包装平面视觉设计与其他平面设计之间具有一定的差异性。总体而言，包装平面视觉设计的特征主要体现在信息性、传达性、促销性及工艺性 4 个方面。

一、信息性

信息性指的是，在当今自助式的商品销售方式下，包装作为商品及其相关信息载体所发挥的功能性作用。在广告和其他视觉传达形式中，可以更多地运用戏剧性和文学性的方法来更深更广地传达内容，以拓展作品的社会或政治内涵。

然而，由于空间与时间的局限，在市场同类商品高度集中的情况下，包装作为商品的外在附加物，不可能也没必要传达更多的内容。包装主要通过视觉设计来正确、高效、快速地向消费者传达产品的信息，以确保与消费者利益有关的产品信息被准确反映出来，使消费者一目了然（见图 3-1）。

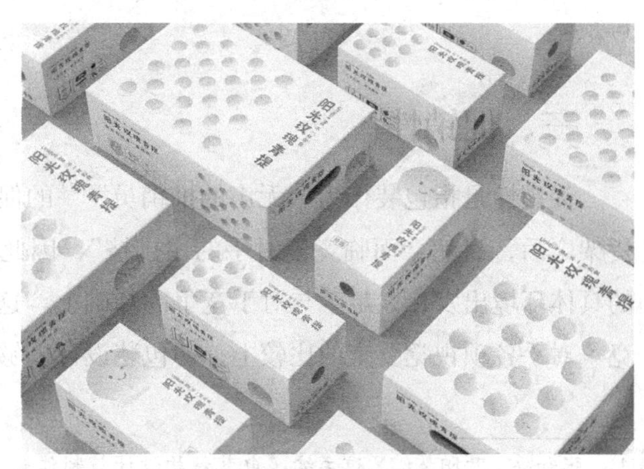

图 3-1　青提包装

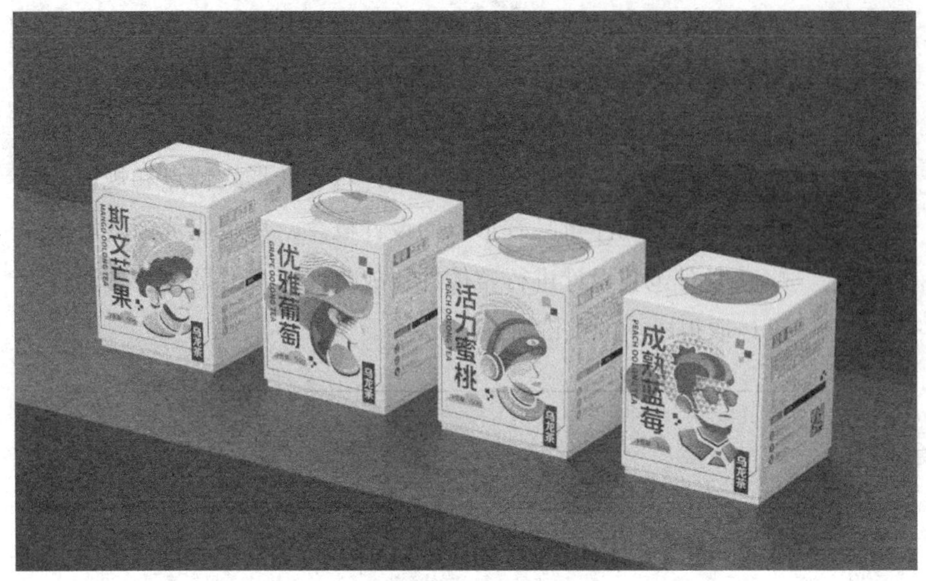

图 3–2 水果乌龙茶系列包装

二、传达性

传达性也称为可读性，是指包装上的信息能否使消费者读懂或乐于解读和接受，能否被吸引、打动并决定购买。

包装平面视觉设计通过消费者能够认知的视觉表现形式和语言进行信息的沟通。它通过图形、文字、色彩等基本元素来进行艺术表现，从而吸引并打动消费者。因此，在设计中要充分考虑消费者的知识背景和信息传达的针对性，正确把握消费者的需求和利益关注点，确定设计的信息表现与形象表现的策略和方法。例如，水果乌龙茶的包装画面上突出了充满个性的人物形象，幽默地传达了针对特定消费群体的信息诉求点（见图 3–2）。

三、促销性

促销性是指包装作为“无声的推销员”[①] 的促销作用。当包装陈列于货架之后，自然会面临竞争对手的“排挤”，因此，包装设计必须从市场的具体环境出发，立足于与对手竞争的基础上。这种竞争性通常体现在与竞争对手各项视觉要素的比较上，即包装设计能够通过视觉手段传达出产

---

① 张如画、欧阳慧、吴琼主编:《包装结构设计与制作》，中国青年出版社 2017 年版，第 40 页。

品的独特性。像牛奶、水果、香水和酒类这些从外观看上去几乎没有差别的商品，更需要独具特色的包装设计来标示产品身份和体现产品特色。特别是当一些商品不适合用直接的视觉形式表现时，或者为了增加和渲染表现效果，可以借助视觉传达的要素，给消费者以寓意象征的联想，引导他们对产品价值（包括附加价值）产生认同感及亲近感，最终对产品产生购买欲望。例如，图 3–3 所示的食品系列包装采用特殊图形，设计大胆而独特，并与鲜明的色彩结合，打破了常见的食品包装模式，富有独特的视觉形象个性，体现了包装的竞争性。

包装上所承载的信息不仅在于表明“我是谁”所具有的商品的客观信息，更重要的是表明“我是谁”所具有的特定象征、代表、暗示意义及思想理念和文化价值。包装平面视觉设计应该传达出商品的属性特征和独特个性，使消费者在接受商品信息的同时，对其产生整体的印象，起到说服、刺激和引导消费者购买的作用。包装平面视觉设计通过选取与众不同的诉求点和诉求方式，强化对消费者的心理诉求效应，以商品所具有的文化与身份归属等象征意义打动消费者，使他们在做出购买决定时与之建立起情感联系。最终，商品凭借独特的品质特征赢得消费者的青睐，从而达到促进销售的目的（见图 3–4）。

四、工艺性

工艺性是指包装平面视觉设计要通过特定的印刷工艺和制作技术来实现。不同材质、不同造型的包装依赖于不同的印刷与制作工艺，这些工艺直接影响着包装平面视觉设计的

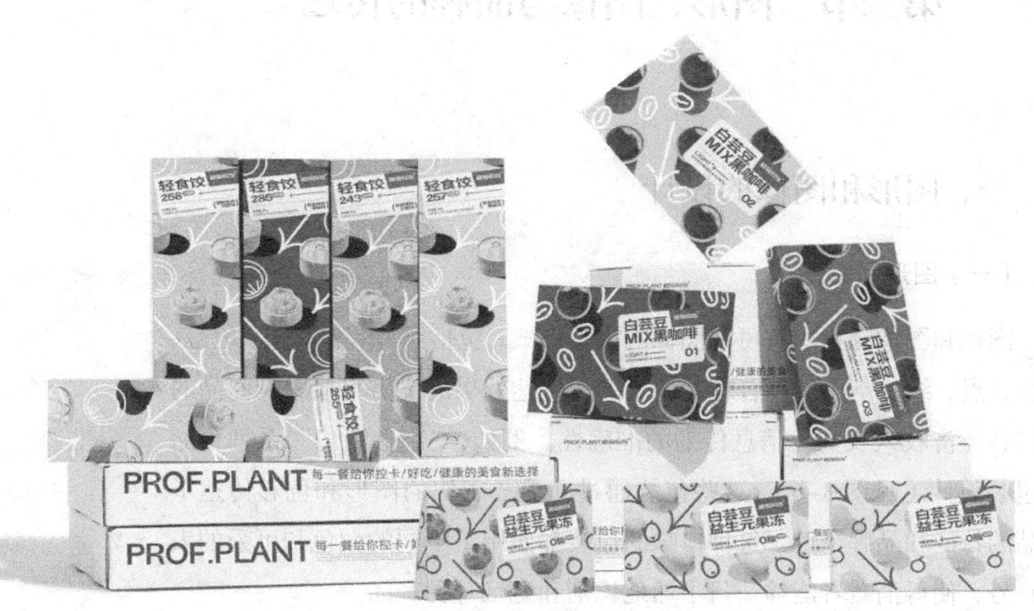

图 3–3　食品系列包装

图 3-4 扬帆四海中国普洱茶包装

图 3-5 劲牌白酒包装

整体视觉效果。因此，设计者应具备包装印刷与制作工艺的基本知识，并善于巧妙地运用这些知识。例如，劲牌白酒包装使用了透明玻璃瓶和独特的瓶身纹理设计（见图 3-5），这需要高水平的制作工艺和技术。瓶口的红色封口和金色绳子装饰，不仅美观，还增加了产品的高级感。这些工艺元素的巧妙运用，大大提升了包装的整体视觉效果和质感。

第二节 图形、图像与品牌的传达

一、图形和图像的设计

（一）图形和图像

图形和图像泛指所有可视图像的表达形式，包括照片、装饰图、记号、花纹、点、线、空白等的合理运用。图像传达效果的优劣直接影响商品的销售、经济收入及文化信息传播的准确性。例如，“小七厨房”系列食品的包装设计（见图 3-6）。这些包装通过简洁、明快的图形和色彩传达了产品的特征和品牌个性。每种口味的包装都使用了不同的颜色和可爱的表情符号，使得消费者能够一目了然地识别和记忆每种产品。

图形和图像有时难以区分。广义的图形指所有能用来产生视觉图像并

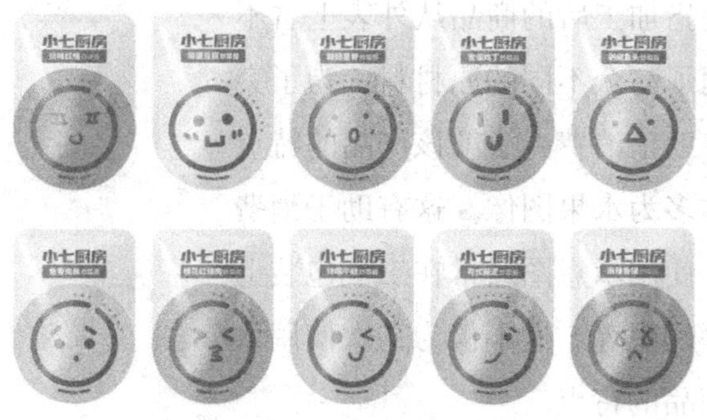

图 3–6　调味料包装设计

图 3–7　咖啡包装设计

转化为信息传达的视觉符号。狭义的图形是指通过绘画、书写、雕刻、印刷及现代数字技术和摄影等手段产生的能够传达信息的图像符号。图像中的“像”通过“图”的方式阐释对象。图像是经过选择、组合、整合及处理后，依据特定理念或目的，运用特定的技术工具和手段记录的影像，它是二维的、平面化的。广义的图像几乎包括了视觉表现形式中的所有种类。狭义的图像则单指绘画、包装设计中的图形和图像语言，这些图形和图像通常通过摄影或印刷形成，构成了包装的整体形象。图形和图像使商品形象具有个性美，并加强了产品的促销功能。好的包装产品，可以在没有文字的情况下，通过视觉语言进行无声的沟通交流，跨越地域限制、突破语言障碍、融合文化差异，从而取得艺术感染的效果。

例如，艾啡咖啡包装设计（见图 3–7）。每个包装通过独特的人物形象和鲜明的色彩组合，传达出不同的产品属性和品牌故事。每个卡通人物的设计都具有独特的表情和造型，既吸引眼球又易于记忆。这些图形和图像不仅提升了产品的视觉吸引力，还增加了品牌的个性，使消费者在购买时能够产生情感共鸣，增强品牌的认知度和美誉度。包装设计中的图形和图像要素多种多样，通过不同形式的图形语言来传达一定的信息量，进而加强消费者对商品的印象。图形和图像，从内容上主要分为与产品相关形象、象征性形象联想、相关人物形象等。

1. 产品相关形象

产品相关形象包括产品实物形象、产地形象、原材料形象、商品使用示意图等。产品实物形象就是在包装上直接展现商品的形象，通过摄影或写实插画手法对产品进行美的视觉表现。这不仅可以真实可信地传达产品的外形、材质、色彩和品质信息，也可以通过特写的手法，放大和深入描绘商品的个性特征，形成强烈的视觉冲击力，吸引消费者。例如，方便面的包装通常使用产品实物形象作为主要视觉形象，能够使消费者产生联想，进而产生购买行为。产地形象在包装上通常会表现为具有商品地域特色的图像，旅游纪念品的包装上多采用这种表现形式。例如，牛奶包装上经常会展示牧场的图像，用产地的风景勾起消费者对商品质量的联想。原材料形象就是指加工后的商品从外表上看不出其原材料，但这些商品在制造过程中使用了与众不同的原材料，为了突出这一点，在包装上展示原材料的形象，有助于消费者了解该产品的特点和品质。例如，果汁类饮料的包装画面主体多为水果图像。这有助于消费者了解产品的特色，便于辨别和选购。商品使用示意图通常在工业包装上使用较多，多为操作示意、使用方法与程序说明等。这不仅为初次使用该商品的消费者提供方便和指导，还突出了商品的特点。

2. 象征性形象联想

象征性形象联想，即运用与产品内容相关的形象，以比喻、借喻、象征等表现手法，突出商品的特性和功效。有些商品很难直接表现，只能运用联想和象征的形象，增强商品包装的形象特征和趣味性。在设计中，直接表达图形形象会产生比较直白的效果，如需在此基础上挖掘更深层次的表述，可以用可视的图形、图像符号表述无形的概念，使主题产生象征性形象联想。例如，药品的包装多用抽象的分子式来传达其化学成分和作用机制的相关信息，以表明药品的专业性与科学性。又如，用树不同生长阶段的代表物象征时间概念：粗糙的树皮象征着岁月的沉淀和生命的老化，新芽则象征着新生命的萌发，茂盛的树枝可以象征支脉、体系、系统和沟通等概念。

3. 相关人物形象

相关人物形象是近年来经常出现的一种表现方法。在商品包装形象的视觉设计中，可以通过摄影照片或者插图手法，通过名人代言、直接消费者对象或使用对象作为包装上的主要图像来吸引消费者，并使消费者产生共鸣。无论是通过写实还是插图，包装设计的形象既可以是人，也可以是动物。人物形象富有独特的气质，同时能吸引消费者，促进销售额的增长，进而创造品牌的独特性。消费者对于品牌的信心和忠诚感会与一个形象紧密联系起来，同时希望对体现该品牌个性的“面孔”产生信赖感，并与之建立稳固的情感联系。例如，儿童用品通常会选用天真、可爱的儿童形象作为主要图形，赋予商品期望和美好的向往。名人代言则通常利用名人效应来引起消费者的购买欲望。

（二）图形和图像的表现形式

图形和图像的表现形式多种多样，每一个设计者的表现语言也各有不同，因此，不同的技法会产生不同的效果。总的来说，图形要为设计主题服务，为塑造商品形象服务，要注意准确传达商品信息和满足消费者的审美需求。从表现形式来看，图形可以分为具象图形、半具象图形、抽象图形和装饰图形4种。

1. 具象图形

具象图形是指通过写实性、描绘性的手法来表现自然物或人造物，使人一目了然，能够立即了解其表达的内容。这种方式能够具体地说明包装中的产品，并能强调产品的真实感。具象图形的表现形式通常以摄影图片和绘画图形为主。

在商品包装设计中，摄影图片可以直观、准确地传达商品信息，真实地反映商品的造型、材料和品质。因其形象逼真、色彩层次丰富，摄影图片在包装上的应用日益广泛。除写实表现外，摄影图片还可以采用各种特殊处理方式，如暗房技术和计算机图形处理，以形成多种图片形式。此外，还可以通过再现商品在消费使用过程中的情景，宣传商品特征，突出商品形象，激发消费者的购买欲望。绘画图形则承载着受众的内心想象和情感，手法直观性强，欣赏趣味浓厚，是宣传、美化、推销商品的有效手段。常见的表现技法有喷绘、水彩画、素描、水粉画、蜡笔画和丙烯画等。无论何种风格，都可以创建一个独特的迷人氛围，吸引更多受众。绘画的具象表达可以根据包装产品的特点进行设计与创作。绘画手法表现在商品包装上与纯绘画作品不同，它服务于商品，具有更多的取舍、提炼和概括的自由。

2. 半具象图形

半具象图形是将生活中的具象题材，通过适当的变形和夸张，使原有图形更加单纯、简洁，成为具象和抽象兼具的形象。它比具象图形更加简洁、时尚，比抽象图形更容易让人理解和辨认。因此，在产品包装设计中运用半具象图形，更具有准确性、趣味性和吸引力。半具象图形的表现技巧主要是利用绘画手法，较注重主观认知形象，可根据所要表现的内容，重新组合创造新的形象。这种图形表现较为自由，想象空间较大，富有个性。计算机技术的应用为半具象图形的描绘提供了更多、更快捷的表现方法，也为半具象图形提供了新的表达语言。值得一提的是，随着卡通造型形象趋于成熟，在包装上运用半具象图形已经成为一种潮流和趋势，且深受广大青少年的喜爱和青睐。具有鲜明个性特征的卡通形象生动活泼、令人喜爱，具有很强的亲和力。卡通形象通常造型简洁、特征明确、易于识别，展现出个性和时代感。卡通形象常采用夸张和变形的手法，造型和色彩都具有很强的艺术性。设计这些形象需要很高的专业水平，包括深厚的绘画功底、超前的设计理念和丰富奇特的想象力。运用在产品包装设计中的卡通形象一定要结合商品的特性，以更加突出产品形象和个性为前提。成功的卡通形象会产生“明星效应”和“名牌效应”，如“米老鼠”“凯蒂猫”“史努比”等，能为企业带来丰厚的利润。卡通形象更多地运用于儿童商品的包装设计，但也日趋成人化、大众化，受到更多人的喜爱。

3. 抽象图形

抽象图形是指用点、线和面变化组成的有感染力的图形。在包装画面的表现上，抽象图形虽然没有直接的含义，但同样可以传递一定的信息。抽象图形更注重画面的形式，即更注重“意象”之象。抽象图形有些取自自然，有些则是通过概括、提炼而成，有规则和不规则之分。抽象几何图形的象征性大多是因其外在样式给人的视觉心理感受而形成的。例如，正方形可以象征平稳、坚实、可信、男性等；圆形可以象征圆满、团结、包容、女性等；三角形可以象征稳中求变、趋势、层次、锐利、进取、危险、不安定等。不规则几何图形则可以象征波动、扭曲、无序、反传统、激动、躁动、噪声、活力、刚柔并济等。抽象图形表现自由、丰富多样，最大的特征就是模糊性。这种模糊性并非指图形传达概念模糊不清，而是图形语言特有的一种不可思议的魅力，它使面对同一图形语言的受众会产生“仁者见仁，智者见智”[①] 的思维结果。所谓“似与不似之间”[②] 正是抽象图形语言的模糊性在形象思维中的反映。从手法上，抽象图形可以分为人为抽象图形、偶发抽象图形、抽象肌理和计算机辅助设计。人为抽象图形是指创造者通过对点、线、面等造型元素进行精心编排和设计，创造出视觉上具有个性的秩序感。编排手法按照造型的形式规律进行节奏、韵律、对比、渐变、疏密等多种形式的组合，以创造出不同的视觉形象特征。偶发抽象图形则更具偶然性，自由轻松，极具人情味。偶发抽象图形的创作手法有很多，如利用水的特性采用吸附、泼洒、吹散、油水相斥等手段进行创作，或者利用手撕、火烧等手段产生自然形态。还有一种手法就是运用相应的肌理特征与商品本身的特征相结合，反映出商品的性格和属性，如粗糙与光滑、干燥与湿润、冷漠与温暖等，都会给人以不同的视觉感受和联想。通过一些计算机图像设计软件，还可以轻松地得到千变万化的图形，为包装设计提供丰富的素材。

例如，用图 3-8 所示的包装设计运用了抽象的数字 9 符号，注入了蛇的灵魂体征，旨在“献给特立独行的你”。这款包装设计的创意源自这种酒的主要配料。

---

① 赵磊:《半部论语》，北方妇女儿童出版社 2020 年版，第 172 页。

② 杜文园、陶伯华:《艺术变相论》，文化艺术出版社 1994 年版，第 26 页。

图 3–8　抽象图形设计

图 3–9　印象国家地理茶叶包装

再如，印象国家地理品牌定位于原味茶，其价值在于“探索国家地理，寻访世界好茶”，抽象图形表达出意象图腾，打造简约而永恒的情境（见图 3–9）。

一般情况下，若产品偏重于满足消费者的生理需求，则较多使用具象图形；若产品偏重于满足消费者的心理需求，则大多运用抽象或半具象图形。民族化装饰图形包装一般用于礼品，注重文化意识的延续和传播。包装的图形和图像与消费者的年龄、性别、受教育程度相关。利用图形和图像在视觉传达方面的直观性、有效性、生动性和丰富的表现力，将商品的内容和信息传达给消费者，并通过视觉吸引力引起消费者的心理反应，进而引导消费者产生购买行为。

4. 装饰图形

装饰图形是对自然形态进行主观性的概括描绘的图形。它强调平面化和装饰性，具有比具象图形更简洁、比抽象图形更明晰的物象特征。装饰图形依照形式美法则进行创作设计，具有很强的韵律感。装饰图形要充分考虑商品与图案的和谐度和表现度。我国装饰纹样有几千年的历史，积淀了许多精美的装饰纹样。在包装设计中，有时会直接采用传统装饰纹样作为视觉传达设计的主要元素，这是因为传统装饰纹样本身就具备丰富的文化内涵和美好愿望的寓意，如龙纹、凤纹、虎纹、牡丹纹、如意纹等，都是大众喜闻乐见的图案纹样。我国是一个多民族国家，许多少数民族都有自己独特而精彩的装饰图案，这些图案具有很强的装饰性和审美性。在设计具有我国传统风格的包装时，适当地运用这些具有民族韵味的装饰图案，会使设计具有很强的民族性、传统性和文化氛围。

在运用装饰图形时，一定要注意与现代设计观念的结合，应从传统纹样中提取精华，使其成为现代设计的新元素。可以对其进行取舍、提炼、变异和创造，形成新的具有民族风格的图形，从而更加适合现代设计观念，也更加符合现代人的审美需求，使设计融现代意识与民族精神于一体。也可以从民间美术中提取元素，使新的设计既具有民间美的特征，质朴、热烈奔放，又符合现代设计简洁、明快的视觉传达性。此外，还可以从我国传统建筑中寻找创作灵感，抽象出新颖、别致的图形，表现一种空灵的意境和深邃的文化，使设计作品得到进一步升华。吉祥图案也属于象征性的图像，蕴含着中华民族深厚的文化、思想和情感，兼具审美价值和商业价值。这些图案常常具有很强的传统寓意，如兰、竹、菊等植物图案，莲花纹、卷草纹等纹饰，通过谐音、寓意、比拟和符号等表现手法表达美好愿望。装饰纹样一般作为包装中的传统图像出现。在传统节日中，如中秋佳节月饼的包装，经常采用传统装饰纹样；还有一些文化用品，如古玩，也多用充满民族特征的装饰纹样，表达产品的历史与特征。

（三）图形和图像设计的注意事项

图形和图像在包装设计中应用时应注意以下几点。

1. 注意信息的准确性

在设计时要抓住典型的特征，注意关键部位的细节处理，准确传递信息。在包装设计中，单纯的图形容易引起消费者的注意。高档商品的包装，其图形设计通常比较简洁，但能够准确地传达信息，这符合现代人快节奏的生活需求和追求心理平衡的心理需求。

2. 注意鲜明而独特的视觉感受

包装设计的图形和图像是无声的广告，除了要准确传递信息，还应该具有独特的视觉美感。在图形和图像的选择上应根据市场需求，找到恰当的切入点，依据信息表现和信息传达的需求来决定它的形象。消费者在购买商品时，不仅是简单的视觉接受行为，更重要的是伴随着视觉产生相应的视觉判断和心理效应。产品包装中的视觉形象应当对消费者具有很强的诱导力和吸引力，能引起消费者的兴趣，并产生心理效应，激发购买欲望，这是商品竞争中设计的目的所在。

3. 注意视觉的稳定和视觉的平衡

视觉语言具有准确性和说服力，图形作为一种相对于文字的视觉语言，有着更为鲜明的准确性、真实性和直观性。摄影图片或写实绘画能够将事物的质感、材料、颜色和形态等直接展现在人们面前，而抽象图形则能展示某种意境。相对于文字，图形的视觉说服力和吸引力更为强烈。

例如，张一元“百花迎春”系列包装。北京张一元茶叶有限责任公司的前身张一元茶庄是京城著名的老字号，始建于清光绪二十六年（1900年），已有百余年的历史。“一元复始，万象更新”为企业理念。喜庆是此系列包装的主要旋律，包装设计运用了彩色剪纸艺术，契合张一元企业理念，以“圆”形呈现，谐音“缘”，突出了节日喜庆氛围，表达了人们对未来的美好祝愿；包装系列组合构成“圆”形，寓意一年四季，百花迎春，四季轮回（见图 3–10）。

二、品牌传达

符号是负载和传递信息的中介，是认识事物的一种简化手段，表现为有意义的代码和代码系统，在人和物之间建立认知桥梁，能够指示世间万物。符号与标识可以是简单的平面图示，也可以是复杂精致的图案设计。同时，一个商品包装设计中，自身品牌的标识也是不可缺少的视觉形象，是产品品牌价值的识读码。符号和标识是经过设计的特殊图形符号，以象征性的语言和特定的造型传递具有某种含义的视觉语言信息。

随着人们的品牌意识不断增强，以品牌名称或标志作为设计的主要表现手段越来越普遍。有些包装甚至除了品牌标志再无其他图形，彰显着品牌的效应。品牌标志是商品质量的保证和身份的象征，主要包括商标、企业标识、质量认证标识和其他类型符号标识。

图 3–10　张一元茶叶包装设计

图 3–11 美汁源全新品牌标志

（一）商标

商标是商品的生产者、经营者在其生产、制造、加工、拣选或经销的商品上，或者服务提供者在其提供的服务上采用的，用于区别商品或服务来源的标志。商标可以由文字、图形、字母、数字、三维标志、声音、颜色组合或上述要素的组合构成，具有显著特征，是现代经济的产物。知名商标如同一种承诺和保证，成为创造商品形象和企业形象的基础和核心。经国家核准注册的商标为“注册商标”，受法律保护。

例如，美汁源自 2004 年在我国推出新型果汁饮料以来，不断致力于提升果汁的营养与口感，采用先进的全橙深度榨取技术，保留香橙中的营养成分，同时融入饱满的阳光果肉，不添加防腐剂和人工色素。同时，该品牌通过重新设计品牌标志与包装，凸显其简约大气的现代风格，吸引更多消费者的关注（见图 3–11）。

（二）企业标识

企业标识代表企业形象，是商品的一张脸。品牌标志、名称和标志物等就如同这张脸上的五官，是识别商品的一面旗帜，是产品最直接的广告和无声的推销员，是产品的外衣和表现形式，是产品价值的延伸和再创造，在方便顾客、赢得顾客方面具有重要作用。许多企业将企业标识和产品商标综合为一个形象，用于形象宣传。在包装设计中可以同时出现商标和企业标识，但要注意两者的关系，使其相互衬托、相互呼应，避免造成混乱。

（三）质量认证标识

质量认证标识（见图 3–12）是行业组织对商品质量或标准的认证。有些商品上会同时出现多个认证标识，如质量安全认证标识、绿色食品标识、绿色环保标识、纯羊毛标识、有机食品标识和可回收标识等。这些符号一般作为辅助说明放在包装形象的次要位置。例如，食品市场准入标识由“质量安全”（Quality Safety）中的英文首字母“Q”“S”和“质量安全”

图 3-12　质量认证标识

中文字样组成。标识主色调为蓝色，字母“Q”与“质量安全”中文字样为蓝色，字母“S”为白色。企业在使用食品市场准入标识时，可以根据需要按比例自行缩放，但不能变形、变色。

（四）其他类型符号标识

其他类型符号标识主要指运输包装盒上保证安全运输、存储和装卸的提示图标（见图 3-13），提示人们按图示标识要求操作。其他类型符号标识常见的有小心轻放、向上、由此吊起、易碎品、防潮等，这些符号一般是国际通用的，即使没有语言描述人们也能读懂。这类符号标识多出现在外包装箱上。

图 3-13　运输符号标识

第三节 文字与色彩的传达

一、文字的传达

包装设计有时可以没有图形，但不可以没有文字。许多优秀的包装设计都十分重视文字的设计，甚至完全由文字变化构成画面，鲜明地突出商品品牌及用途，以其独特的视觉形象效果吸引消费者。文字传达是商品信息的“自我表白”，也是图形与图像的补充说明。在包装设计中，文字形象泛指具有图形、图像意义的经过设计的文字形象语言，文字的处理多为表意的文字设计。通过文字的间架结构和位置关系的设计变化，将特定含义合理地表现出来，使文字的内涵巧妙地体现在其符号化的个性外观中。文字本身就是图形的表现，是对字体功能最大价值的利用，既有抽象意义的节律变化，又具有结构完整的章法规范，变化无穷。在单一文字的笔画、结构、形象特征调整中，以及字与字的位置关系处理中，融入文字符号化的意象特征。它们的形式处理具有识别性与特定的规范感，有助于树立产品品牌形象。例如选择突出醒目的字体，运用连笔、笔画装饰来贴合商品的属性；运用各种效果的文字、有动感文字、立体感文字等设计方法；改变文字的大小、颜色等，对文字进行赋予装饰性的编辑，强调形象的表现作用，力求醒目、生动，突出个性特征，都能形成强烈的视觉冲击力，使其成为塑造商品形象的主要元素之一。例如，图 3-14 所示的桃源赤甘茶的包装设计采用了极具特色的文字排版形式。文字不仅传达了产品的信息，还通过优雅的字体和配色增强了品牌的高端感。

图 3-14 桃源赤甘茶包装文字设计

包装中的文字形象分为以下几种。

基本文字：基本文字包

括包装牌号、品名和生产企业名称。一般安排在包装的主展示面上，生产企业名称也可以编排在侧面或背面。牌名字体一般做规范化处理，有助于树立产品形象。品名文字可以加以装饰变化。

资料文字：资料文字包括产品成分、容量、型号、规格、产品用途、用法、生产日期、保质期和注意事项等。这些文字内容简明扼要，一般编排在包装的侧面或者背面，也可以安排在正面。字体应用规则的印刷字体，设计者主要运用各种方法将它们有序地进行编排等。

说明文字：说明文字用于说明产品用途、用法、保养和注意事项等。文字内容要简明扼要，字体应采用印刷体。一般不编排在包装的正面。

广告文字：广告文字是宣传内容物特点的推销性文字，内容应做到诚实、简洁、生动，避免欺骗与啰唆，编排部位可以多变。但是，广告文字并非必要文字。

中文书法字体具有很好的表现力，体现了不同的性格特点，是包装设计中的生动的语言（见图 3–15）。我国书法艺术具有悠久的历史，它来源于形象，由最初的纹样符号经甲骨文、大篆、小篆、隶书、章草、楷书、行书等演变而来，形成了多种书体。商品包装常用的书法包括篆书、隶书、楷书、行书等，每种书体都有其独特的特点，无法被其他书体取代。

印刷体的字形清晰易辨别，在包装上的应用更为普遍。汉字印刷体在包装上主要运用的有宋体、黑体、综艺体和圆黑体。不同的印刷体具有不同的风格，对于表现不同的商品特性具有很好的作用。

图 3–15　景迈普洱茶包装设计

在包装设计中运用最为丰富多变的还是装饰字体。装饰字体的形式多种多样其变化形式主要有外形变化、笔画变化、结构变化和形象变化等。针对不同的商品内容应做有效的选择。

文字形象的传达一定要注意可读性。文字本身就是信息交流的媒介，如果只注重文字的创意，忽略可读性，使其难于辨认，就失去了文字传递信息的意义。这一点在书法体的运用中特别重要。为避免对书法体不了解的消费者看不懂，应对书法体进行调整和改进，使之既能为大众所接受，又不失其艺术风味。

在商业环境中，消费者在每一件包装上停留的时间大概只有一秒。要想抓住消费者的视线，文字形象的可辨性和可读性尤为重要。特别是品牌文字，无论如何变形、装饰、夸张，都要保持简洁、易懂、醒目。

字体的大小配合要适当，层次分明。字体大小的控制要能带动整体包装的视觉流程，或引导，或强调。常见的包装中，“茶”“福”“鲜”等文字会做放大处理，以引人注意。

文字形象的设计需要与商品的整体风格保持一致。应根据商品的特定要求，如商品的特殊性能、使用对象、造型与结构、材料与工艺等，找到最合理有效的方案。要注意多种内容、多种形式、多种风格的统一，无论是汉字还是英文，要求文字之间要相互协调、互为补充，在整体包装平面上给人一气呵成的感觉。否则，会显得杂乱无章，影响包装信息的传达，也对视觉的整体性造成不良影响。例如，在儿童商品中多用活泼、有趣的字体，在医药类产品中多采用简洁的字体，在体育用品中多用运动感强的字体等。

另外，还要注意文字的整体编排。包装中的字体设计除本身的造型之外，字体的编排是设计师体现包装形象的另一个重要因素。编排处理不仅要注意字与字的关系，还要注意行与行的关系。包装上的字体编排在不同方向、位置和大小上进行整体考虑，使之形成一种趋势或特色，而不会产生支离破碎、凌乱的感觉。同时，要注意同一内容字体应保持一致。包装的字体属性及设计变化，在包装设计中起着重要作用。对于出口商品的包装，或涉及内外销的商品的包装文字的设计，必然涉及英文的运用。其中，拉丁文字在包装中使用最为普遍。这种文字的特点是以字母构词，26 个字母有大小写之分。如需汉字与拉丁字母写得大小一致，不能只看字号的大小是否相同，更应该注意凭视觉经验进行实际大小的调整（见图 3–16）。

图 3–16　某品牌包装设计

文字设计还可以通过增加装饰、精减笔画、笔画相互借用连写、字母大小混写等方法来进行创新。例如，可以把文字散点排列作为底纹处理，或者组成装饰性强的文字图案。在立体包装中，文字的书写可以由一个平面跨越到另一个平面上，以增强文字的形象，强调文字所传达的深刻含义和艺术效果。

例如，雪花啤酒包装以极简风格最大程度传达纯生的视觉体验，其上以书法浮雕形式的“纯生”二字贯穿整体，展现柔顺口感和纯粹品质。设计团队将统一的“全麦纯生”标志贯穿整个包装系列，赋予产品系列化的视觉效果，强化品牌辨识度（见图 3–17）。

二、色彩的传达

色彩的传达是包装含义和传递感受的多棱镜，可以折射出千变万化的光束。色彩作为一种全球通用语言，使我们可以一眼识别出其所传达的含义。色彩能突显商品的个性特征，

图 3–17　雪花啤酒包装设计

吸引消费者关注，使商品在纷繁复杂的零售环境中脱颖而出。同时，色彩能够传递表情和情绪，也能把某种物体有效地突显出来，使我们获得相关商品信息。色彩使生活变得更加轻松，通过色彩可以找到人们想要的东西。人们看到色彩时产生的反应是瞬时的，而这种瞬时反应会对我们每天所做的决定产生深远的影响。因此，商品包装色彩的设计在现代市场营销中扮演着越来越重要的角色。

色彩的运用是一门学问，需要敏锐的色彩感觉和理性的判断。纷繁的色彩是一种美，简约的色彩也是一种美，掌握色彩的度需要不断地训练。

色彩传达受到特定的地域文化和不同年龄段消费者喜好的影响。不同文化和地域的差异反映了人们对色彩的不同理解和感悟，不同年龄段消费者的喜好也与包装产生联系，体现出人们对色彩规律的感知。例如，中年人使用的商品的包装基本不求浓艳，而倾向于典雅、恬静、素淡。这种审美心理倾向于含蓄，购物呈现理智性，对商品包装寻求同一性而非突出个性化。

在商品包装设计中，色彩不仅仅是为了让设计变得漂亮、醒目。过分追求色彩的视觉感受，忽视色彩本身所能传达的信息，会影响设计的传播效果，这样会造成包装设计中色彩元素运用的误区。色彩本身就具有语义功能，能引导人们联想到特定的含义。良好的色彩设计有强烈的视觉冲击力，不仅能捕捉人的视线，还能直接影响人的情绪和感觉，间接影响人们对包装的判断，进而决定是否购买商品，并能使消费者产生愉悦的心理感受和审美享受。

研究人员通过实验揭示："人们在首次接触到一个人、一个环境或一个商品后，90 秒内就会做出一个潜意识的判断，而这种判断的依据有 62%—90% 是依靠色彩感受的。"① 因此，色彩成为能够引导消费者在短时间内做出正确选择的首要因素，直接刺激消费者的购买欲望。

包装的色彩能够优先引起消费者的关注，因为它赋予产品包装特定的情感和形象。相比其他广告方式，色彩更容易吸引消费者的注意力。例如，在图 3-18 展示的设计案例中，设计者巧妙运用五种不同的颜色分别对应我国传统文化中的五福，通过简洁而具象的面部表情图案搭配多彩的设计，展现了喜庆、吉祥的视觉效果，吸引了消费者的注意力。

---

① 伊鹏飞、汲晓辉主编：《色彩构成》，中国传媒大学出版社 2010 年版，第 4 页。

图 3–18　酒包装色彩设计

（一）色彩传达的情感

色彩是一种感情符号，它能直接将信息通过色彩传达给人们。在商品包装设计中，色彩同样具有符号性的传递功能，帮助人们识别和表达特定的主题。更重要的是，通过色彩的相互配合，设计师可以创造出适于表达设计主题特点的艺术效果。色彩在包装中不仅仅是一种视觉现象，更是一把拥有情感和文化维度的标尺，用来促进或阻止人们之间的沟通。

包装色彩的构成要素即色彩的三要素：色相、明度、纯度。通过这三种要素的不同组合和设计，可以迅速、及时、直接、准确地传递情感和表达思想。可见，色彩是帮助包装设计传递信息的催化剂。色彩具有象征性和感情特征，它在包装设计中负有两重任务：一是传达商品的特性，二是引起消费者的感情共鸣。色彩的象征性能使人产生联想，一种是具体事物的联想，另一种是抽象概念的联想。例如，红色可以使人联想到太阳、苹果等具体事物，也可以联想到热烈、喜庆等抽象概念。

色彩具有感情特征，能引起人们感情上的共鸣。在包装设计中，金、银、黑、白、灰的运用也同样体现着色彩的情感。不同的物体对光的吸收性和反射性是不同的，因此产生了不同的颜色。在所有物体中，黑色物体可以吸收七种色光，而白色物体则把七种色光全部反射。正因为如此，黑色、白色与其他色彩相比失去了色彩的相貌，形成自身特有的无彩色属性。而无彩色系中的金、银、黑、白、灰也同样具备一定的色彩含义。

无彩色在人们的心里早已形成自己完整的色彩性质，并一直为人们所接受，而且被称为永远的流行色。黑、白、灰各有其独特的象征意义。黑色象征静寂、沉默，意味着邪恶与不祥，被认为是一种消极色。白色的固有情感是清静。无彩色在心理上与有彩色具有同样的价值。黑色与白色是对色彩的最后抽象，代表色彩世界的阴极和阳极。太极图案就是用黑白两色的循环形式来表现宇宙永恒的运动。黑白所具有的抽象表现力及神秘感，似乎能超越任何色彩的深度。俄罗斯艺术理论家康定斯基（Kandinsky）认为，“黑色意味着空无，像太阳的毁灭，像永恒的沉默，没有未来，失去希望。而白色的沉默不是死亡，而是有无尽的可能性”[①]。黑白两色是极端对立的色，然而有时又令我们感到它们之间有着令人难以言状的共性。白色与黑色都可以表达对死亡的恐惧和悲哀，它们都具有不可超越的虚幻和无限的精神意涵。黑白又总是以对方的存在显示自身的力量，它们似乎是整个色彩世界的主宰。

在色彩世界中，灰色恐怕是最被动的色彩了。它是彻底的中性色，依靠邻近的色彩获得生命。灰色一旦靠近鲜艳的暖色，就会显出冷静的品格；若靠近冷色，则变为温和的暖灰色。与其用“休止符”这样的字眼来称呼黑色，不如把它用在灰色上，因为无论是黑白的混合、半色的混合、全色的混合，最终都会产生中性灰色。灰色意味着一切色彩对比的消失，是视觉上最安稳的休息点。然而，人眼不能长久地、无限扩大地注视灰色，因为无休止的休息意味着死亡。

色彩的表情在更多情况下是通过对比来表达的。有时色彩的对比五彩斑斓、耀眼夺目，显得华丽；有时对比在纯度上含蓄、明度上稳重，又显得朴实无华。创造什么样的色彩才能表达想要表达的感情，完全依赖于设计师的感觉、经验和想象力，没有固定的格式。

色彩的属性并非一成不变的，各要素之间的变化为设计色彩的对比和调和运用提供了丰富的空间。在众多的商品包装设计中，无一不以最快捷、醒目、悦目的方式来吸引消费者注意。丰富的色彩传递着各种不同的情趣，展示着不同的品质风格和装饰魅力。

追求设计语言的纯粹是设计师孜孜以求的目标。他们以更加理性的独特视角，努力摆脱流行设计中的喧闹、繁杂和缤纷艳丽的手法，积极寻找色彩设计的理性与单纯。

设计语言的高度浓缩与概括，将设计推向了极致。色彩的选择与组合在包装设计中是非常重要的，往往是决定包装设计优劣的关键。追求包装色彩的调和、精炼和单纯，实质上就是要避免包装上用色过多的累赘。五颜六色的艳丽繁华未必引人喜爱，反倒可能给人一种华而不实的印象，使人产生眼花缭乱之感。恰当使用简约的色彩语言，更能体现设计者驾驭色彩的能力，最大限度发挥色彩的潜能。采用无彩色中的金、银、黑、白、灰进行设计的包装，更显商品的永恒之美。

① 张楠溪：《新锐网页色彩与版式搭配案例指南》，中国青年出版社 2007 年版，第 106 页。

在众多以无彩色为主体的包装设计中，往往也点缀着一些纯度较高的色彩。这些色彩的呈现一方面与无彩色形成一定的对比效果，另一方面也烘托了主体色彩。无彩色与有彩色的相互作用，是丰富商品包装色彩效果的重要手段。

包装设计通过色彩的情感特征来表现商品的各类特性，如轻重、软硬、味觉、嗅觉、冷暖、华丽、高雅等。色彩的表现关键在于色调的确定，它由色相、明度、纯度 3 个基本要素构成的，形成 6 个最基本的色调。

暖调——以暖色相为主，表现为热烈、兴奋、温暖等。

冷调——以冷色相为主，表现为平静、安稳、清凉等。

明调——以高明度色为主，表现为明快、柔和、响亮等。

暗调——以低明度色为主，表现为厚重、稳健、朴素等。

鲜调——以高纯度色为主，表现为活跃、朝气、艳丽等。

灰调——以低纯度色为主，表现为镇静、温和、细腻等。

例如，食品包装色彩纯度较高，系列包装组合在一起形成强烈的色相对比，明快活跃，引发食欲（见图 3–19）。

如果色彩纯度较低，呈现柔和、优雅的感觉时，则适合用于清洁用品和女性用品包装设计（见图 3–20）。

图 3–19　冰激凌包装设计

图 3–20　香皂包装设计

如果色彩的明暗调对比强烈，显得凝重大方，则可体现出高档商品的经典品质与格调（见图 3–21）。

（二）色彩传达的象征

色彩的视觉心理是包装设计者需要研究的课题。从文化心理的角度选择恰当的色彩，可以激起大众积极的心理反应，从而对包装产生良好的影响。这种视觉心理除生理反应外，还会受到社会经验、社会意识、风俗习惯、民族传统、自然景观、日常用品等因素的影响，个性色彩的挖掘也同样受到这些因素的影响。

不同国家和民族由于社会背景、经济状况、生活条件、传统习惯、风俗人情和自然环境的影响而形成了不同的色彩习俗。例如，在我国，红色自古以来被视为吉祥色，且被广泛用于节日装饰和礼品包装；黄色是古代帝王的专用色，标志着神圣、庄严和权威，代表中心地位。而在法国，墨绿色被视为禁忌，因为它会使人联想到纳粹军服而产生厌恶感。生活在沙漠地区的人，见惯了风沙漫天的黄色，所以他们特别珍爱绿色，因为绿洲象征着生命和希望。绿色传达的信息是健康、生命、朝气、环保，因此绿色常被用于环保、服务和卫生保健等行业。绿色具有从诞生到成长再到成熟以及衰老的阶段性变化，从黄绿、嫩绿、淡绿到深绿等每一阶段都有不同的信息传达。橙色是食品包装行业青睐的颜色，可以刺激人们的食欲。橙色还象征着秋天，可以使人们联想到丰收的场景。蓝色在不同色阶上也传达出不同的信息，浅蓝色象征广阔和宁静，深蓝色象征信赖，通常应用于科技行业。

可见，从色彩心理学角度分析，色彩的情感具有使人增强识别记忆力的作用。通过成功的色彩表达，能帮助人们识别商品并增强记忆，而且还

图 3–21 禧瑞百年茶包装礼盒包装设计

图 3–22 冰力克无糖薄荷糖包装设计

有引起回忆的价值，成为顾客下次选择某商品的重要依据。包装的色彩特征往往比形状特征更令人难忘。

在商业经营环境中，色彩心理的存在促使包装色彩设计形成了独有的规则。例如，黑色很少被用在与食物相关的产品以及香烟的包装中，因为黑色容易与死亡联系在一起。黑色的香烟包装会使人联想到癌症。过多的黄色会在心理上产生干扰。而过多的紫色则被认为会引起强大的心理压力。灰色不能用于洗衣粉的包装，因为灰色的洗衣粉会让消费者产生洗不干净衣服的顾虑。白色与各种颜色都易协调，给人活力洋溢、健康的印象，但如果搭配不当，也会让人觉得冷冰冰、单调乏味。

在商业设计中，如果要强调商品的分量，在包装设计上可以采用暖色系。例如，薯片等食品常以暖色包装来夸张和强化其分量感。而在珠宝钻石等名贵商品的包装设计上，则往往采用冷色系，如蓝色和紫色，以彰显其高贵和神秘的品质。究其原因是冷色在视觉上具有收缩、凝聚的效果，能集中视线，以突出商品与众不同的一面。对于同一系列的产品，还常常以不同颜色的系列包装来区分不同的类别或口味（见图 3–22）。

有关研究资料表明："人的视觉器官在观察物体时，最初的 20 秒内色彩感觉占 80%，而形体感觉占 20%；两分钟后色彩占 56%，形体占 44%；5 分钟后各占一半，并且这种状态将继续保持。"[①] 由此可见，色彩给人的印象是迅速、深刻、持久的。

（三）色彩传达的功能

成功的包装设计需要在生产商和消费者之间建立最佳色彩视觉效果，创造消费行为和商品包装之间的情感连接。设计者需要充分理解和回应消费者的信息需求。色彩不仅是信息传达的工具，也是传递情感的最佳手段。因此，了解色彩的功能对于创造更多的销售机会至关重要。

① 苏米：《专业设计配色完全手册》，江西美术出版社 2007 年版，第 157 页。

1. 色彩的营销功能

色彩作为商品包装的一大视觉元素，不仅起着美化商品包装的作用，而且在商品营销的过程中也起着不可忽视的作用。商品包装的色彩在企业产品进入流通领域、迅速开拓销售市场方面起着极大的推动作用。在商品经济高度繁荣的今天，现代商品销售，尤其是生活日用品，大多在超市中进行。面对琳琅满目的商品，消费者首先注意到的是具有新颖别致色彩的能瞬间给他们留下视觉印象的那种外包装。好的商品包装的主色调会格外引人注目。在商品包装上，设计出能够迅速抓住消费者视线的个性化色彩，可以有效地吸引消费者的注意力，从而激发他们的购买欲望。同一商品在不同的销售市场上，包装色彩要求也不同，尤其是出口商品，一定要弄清楚出口国家的人民喜欢什么颜色，忌讳什么颜色。例如，在东南亚和欧洲，黄色被视为高贵的王室御用色，代表着神圣和尊严；在美国，黄色也是深受人们喜爱并被广泛运用的颜色；但在日本，黄色却有不成熟之感，象征着遭殃，有趋于死亡之意。因此，在美国行销不衰的“百事可乐”饮料，由于包装商标的主色调是黄色，而在日本市场滞销，惨遭失败。

2. 色彩的记忆功能

缤纷各异的色彩由于在色相、明度上的差异，彼此之间有显著的区别。人们在购买物品时，不仅会注意到商品的包装的形状，更会注意到商品包装色彩的差异。因此，商品包装的色彩设计应体现出自身的特色，使消费者对此包装色彩有较深的视觉记忆，便于消费者下次迅速购买同一商品。事实证明，适度的对比可以使色彩效果清晰明朗、层次清楚，能给人留下深刻印象。此外，设计师在进行包装色彩设计时还可以合理运用原色和间色，以增强包装的识别性和记忆性。

3. 色彩扩大商品知名度的功能

在纷繁复杂的商品经济环境中，每个企业都希望扩大自己产品的知名度，并树立企业的良好形象。优秀的色彩设计能迅速抓住消费者的视线，受到越来越多国内外著名企业的重视。美国可口可乐公司的“可口可乐”饮料包装虽然图案在不断变化，但其包装的主打色红色却一直没有改变。

第四节　包装的编排设计

在包装设计中，图形和图像、文字、色彩等一切可以调动的视觉形象都需要组织编排。编排是把不同的形式成分纳入整体的秩序中去，没有这种构成关系，即使有很好的图形、字体、色彩等单个因素，也不能形成有效的包装整体。在商品包装设计中，编排是至关重要的设计形式之一。商品包装设计不仅要考虑产品的功能和保护性，还要通过外观形象来吸引消费者的注意力，并传达产品的价值和品牌形象。编排恰巧在商品包装设计中起到了整合和组织各种形象要素的作用，使它们相互协调、统一而又有层次感。与一般的平面设计不同，商品包装设计需要处理多个面之间的关系，因为商品包装是由多个面组成的立体形态。因此，建立正确的编排观念，更典型、更集中地处理有关设计元素的整体关系，是包装设计视觉传达必不可少的重要环节。

一、编排与包装设计

包装设计的版式规则与其他印刷媒介物的版式规则存在一定的差异。这是因为包装设计需要在三维立体媒介中传达营销信息。因此，包装设计的版式规则需要根据具体的设计任务而定，在设计时要考虑多种因素，包括字体大小、字母的使用、版面对齐方式等。

在包装设计中，编排涉及处理各个面和形象要素之间的主次关系和秩序，以建立整体结构和形式感。编排的目标是通过合理的组织和布局，使整体设计具有视觉上的平衡、协调和吸引力。首先，编排要处理主次关系和秩序。在包装设计中，通常有一些主体形象或信息需要突出展示，而其他形象要素则起到补充和支持的作用。编排需要准确把握主次关系，使主体形象或信息在整体设计中得到突出，并与其他形象要素形成有机的整体。通过巧妙地处理主次关系，可以使设计更加有层次感和视觉冲击力。其次，编排还需要考虑主次形象要素之间的对比和统一。在包装设计中，形象要素之间的对比可以增加视觉的变化和张力，使设计更具吸引力。同时，为了保持整体的统一性，编排需要确保各个形象要素在风格、色彩、形状等方面保持一致。通过合理运用对比和统一手法，可以创造出富有个性和独特魅力的设计作品。

（一）包装文字的编排设计

在包装设计中，文字的编排处理是塑造包装形象的重要因素之一。通过合理的文字编排，可以突出产品信息、增强品牌形象，并吸引消费者的注意力。在进行文字编排时，需要注意字与字、行与行、组与组之间的关系，以确保整体设计的协调和统一。常见的文字编排形式包括横排、竖排、圆排、适形、阶梯、参差、草排、集中、对应、重复、象形、轴心等。这些形式可以单独运用，也可以相互结合，以创造出丰富多样的视觉效果。例如，横排可以传达出稳定和平衡的感觉，竖排则可以呈现出垂直和高度的特点。适形编排可以根据包装的形状进行调整，使文字与包装相得益彰。阶梯、参差、草排等形式则可以增强视觉的动感和变化。在实际的文字编排中，还可以根据具体需求和创意进行进一步的演变和创新。设计师可以根据产品特点、品牌形象和目标受众，探索出更多独特的文字编排形式，以提升包装设计的独特性和创意性。

在进行包装文字的编排时，首先需要解决的问题是文字在整个版式中的表现形式。这涉及标题、副标题、正文、分栏、字体、图形等各个文字元素的整体编排设计。通过合理的组织和布局，可以使文字在版面中得到充分展示，并与其他图像元素相互配合，形成统一的视觉效果。首先，标题在包装中是最显眼的角色，因此需要在版面中得到突出展示。可以通过调整字体大小、加粗、使用不同的字体风格等方式，使标题在版面中成为视觉焦点。副标题则可以在标题的基础上进行补充和说明，需要与标题形成一定的关联和呼应。其次，正文部分是包装文字的主要内容，需要考虑行间距、字距调整、段落分布等因素，以确保文字的易读性和排版的美观性。此外，分栏的运用可以使版面更加丰富和有层次感，适用于较长的文字内容。不过，在进行文字编排时，选择合适的字体也是非常重要的。不同字体具有不同的风格和情感表达内涵，可以根据包装的定位和目标受众选择适合的字体。同时，字体的大小、粗细、间距等也需要进行调整，以确保文字的清晰度和可读性。另外，图形元素在包装设计中也起到了重要的作用，可以与文字相互配合，增强包装的视觉效果和吸引力。文字与图形的整体编排需要考虑二者之间的关系和平衡，使其相互补充和协调。最后，包装文字的编排还要符合包装的风格定位。不同的产品和品牌可能有不同的风格要求，如简约、时尚、传统等。在进行文字编排时，需要根据包装的风格定位选择合适的字体、排版方式和配色方案，以确保文字与整体包装形象的一致性和统一性。

（二）包装图形的编排设计

在包装设计中，图形在传达商品信息和吸引消费者方面扮演着至关重要的角色。通过视觉直观性、丰富性和生动性，图形能够有效地传递商品的特点、功能和价值，引起消费者的兴趣和共鸣，从而引导其购买行为。首先，图形具有视觉直观性，能够通过形状、颜色、线条等元素直接传达商品的特征和属性。例如，对于食品包装，可以使用图形来展示食材、制作过程或成品效果，让消费者一目了然地了解产品的内容和品质。视觉直观性使得图形能够在瞬间吸引消费者的注意力，并引起其对产品的好奇和兴趣。其次，图形的丰富性使得包装设计可以通过多种图形元素来传达不同的信息和情感。通过运用形状、图案、图标、插图等多种图形形式，可以丰富视觉语言并呈现产品的特点和品牌形象。通过巧妙的图形设计，可以突出产品的特色，增强包装的吸引力，并与文字和其他设计元素相互配合，形成统一而有力的视觉效果，这样可以塑造出独特的品牌形象和视觉风格，使产品在竞争激烈的市场中脱颖而出，吸引消费者的关注和选择。

跨面设计是商品包装设计中的一种特殊编排形式，常用于小体积立式包装。它通过将主体形象扩大到多个面，以强化陈列展示效果和视觉冲击力，从而吸引消费者的注意力和兴趣。在跨面设计中，每个小面都需要在展示时既独立又与整体形象相协调。这要求设计师在进行跨面编排时，要考虑到每个小面的内容和布局，使其在独立展示时能够清晰传达商品信息，并与其他小面形成统一的视觉效果。同时，这些小面在组合陈列时也应能够相互补充和协调，形成完整统一的包装形象。由于包装设计的最终成果往往是立体物（见图 3–23），所以在设计过程中不仅要注意每个面的版式效果，还要注意每个面的视觉方向，避免出现版式方向性错误。

日本平面设计师佐藤可士和（Kashiwa Sato）为优衣库品牌设计的限量版包装，同日常包装相比有所不同，但是系列性显而易见（见图 3–24）。

图 3–23　多美鲜桶装酸奶包装设计

图 3–24　T 恤包装设计

二、包装设计中的编排原则

在包装设计中，精妙的编排组合可以营造出完美的效果。在包装设计中，需要注意处理编排中各种元素之间的关系，包括图形和图形的关系、文字和文字的关系、色彩和色彩的关系、图形和文字的关系、文字和色彩的关系。包装设计需要遵循的编排原则主要体现在以下几个方面。

（一）整体性

包装设计中各个要素要和谐统一，有良好的整体视觉效果。在设计构思时，要有一种基本格局和一个构成基调，进而指导局部成分的具体处理。

（二）联系性

在设计单独包装时，需要考虑各部分之间的有机关联，运用一些手法将设计元素联系起来，如对称、响应、依托、遮挡、渐变、造型等。同时，在设计多个包装时，也应考虑整体陈列效果。在设计之初就应该进行全面的思考，使整体形成一个有机的联系。

（三）生动性

没有统一的基础就谈不上变化，没有变化的差异性也就谈不上统一。所谓变化就是要突破单调性，使构成的关系富有生机。商品也需要用生动性来打动消费者，夺目的效果也需要用编排的生动性来吸引视觉的注意。

（四）差异性

包装设计的差异包括分与合、松与紧、齐与乱、断与连、直与曲、多与少、正与反、巧与拙、轻与重、鲜与灰、明与暗、大与小等。

包装设计依赖于文字、图形图案和色彩等元素的编排，设计师在进行包装设计时需要综合考虑这些元素的特点和相互关系，以创造出具有吸引力和影响力的包装设计作品。而根据主题，将编排元素抽象化，对整体布局进行恰当的明度调配设计，则可以彰显作品的表现力度和视觉冲击力。

三、编排的处理方法

包装设计中精妙的编排组合能够引导人们从美学角度去了解和鉴赏设计，在精神上认知和享受所编排的内容，使人们得到美的享受。编排的处理方法主要包括以下几种。

（一）主调

在包装设计中，要通过各种元素准确地表达设计意图，首先需要确定一个主体或画面中的主要区域。设计中的主调类似于乐曲中的主旋律，是设计师创造特定气氛和意境的关键因素。主调应具有强烈的感染力，并在塑造设计作品的风格和特征上发挥重要作用。通过合理运用主调，设计师可以将各种元素有机地融合在一起，形成秩序和谐的整体。主调的控制需要设计师具备良好的审美和感知能力。设计师需要准确把握不同元素之间的关系和平衡，以及整体与细节之间的协调。通过巧妙地运用主调，设计师可以将互相排斥的元素统一于有序的整体中，创造出和谐的美感和视觉冲击力。

（二）均衡

均衡是一种视觉上的平衡状态，使人感到稳定和舒适。在设计中，均衡体现为文字的均衡、色彩的均衡和图形的均衡。这三者的交错和综合运用能够创造出丰富多彩的效果，增强视觉吸引力。

（三）节奏

节奏是一种有规则的律动现象，在设计中，节奏是由元素的重复、交替和渐变所形成的空间律动。它可以通过在设计作品中巧妙地组合元素的疏密、大小、强弱等来创造出运动感和多样韵律。节奏的存在使画面呈现出生动、有活力、跃动的效果，给人一种动态的感觉。当然，设计中的节奏不仅是视觉上的律动，它还能够带来不同的心理感受。不同的节奏变化和规律运动可以激发观者的共鸣，使人产生活泼、优美、庄严或悲壮等不同的情感体验。节奏的存在可以使设计作品更具表现力和感染力，引发观者的情感共鸣。

（四）渐变

渐变是一种色彩编排形式，通过多种色彩的阶段性层次变化，使色调呈现出逐渐变化的状态。它类似于音乐中的音阶，通过逐渐的变化来创造出一种平滑而连贯的过渡效果。渐变的编排方法有很强的秩序性和节律感，对应的形象经过逐渐有序地过渡而相互转换，产生协调感和统一感。

第四章 包装设计的印刷工艺

包装制品的印刷工艺知识既涉及深度，也涵盖广度。其中，以纸质包装的印刷最为普遍和有代表性。因此，学习和运用包装印刷中最普通和最常见的纸张印刷工艺基本知识是十分必要的。

印刷是一种图文复制技术，设计作品通过这一技术复制到不同的媒介上，从而实现大规模生产和传播。印刷技术主要由桌面出版技术、印刷技术和印后加工技术组成，这3种工艺过程合称为印前、印刷和印后。当设计作品得到客户认可后，需要通过印刷等工艺进行大量复制，使之成为包装成品。印刷技术的应用使得设计作品可以大规模生产和传播，满足市场需求。通过印刷，设计师的创意和艺术作品可以被更多人欣赏和使用，同时也为品牌营销和产品推广提供了重要的支持。

现代包装，特别是具有销售功能的包装，几乎都需要经过印刷这一环节，包装与印刷有着密切的联系。包装印刷虽然与书籍、报刊印刷有着相同的技术基础，但远比书刊印刷范围广泛和复杂，它是一般印刷的进一步发展。

包装设计是印刷的前提，印刷是实现设计意图的手段。将优秀的设计与先进的印刷设备和工艺相结合，是制作出精美包装产品的必要条件。尽管现代印刷的发展给设计提供了更大的发挥空间，但印刷作为一种技术手段仍然限制着包装设计。例如，由于设计与印刷工艺相脱节，给印刷生产带来很大的难度，导致不能付印或者印刷成本过高等。这就要求在实际工作中，包装设计师既要精通设计，又要了解乃至熟悉印刷及其加工工艺。

第一节 包装印刷的种类及加工工艺

包装印刷，是在包装材料、包装容器上印刷各种图文的统称，是印刷中的一个主要类别，也是包装制品生产中的一个重要环节。包装印刷的承印物除常见的纸、塑料、金属外，还有木材、玻璃、陶瓷、织物等。采用的印刷工艺除凸印、平印、凹印外，还有丝网印刷、静电印刷（利用静电感应原理在各种软、脆、凹凸不平的包装容器上印刷）、凹凸印刷（轧凹凸）、烫印、覆膜（或上光、涂塑）等。一般印刷和包装印刷的对比如下（见表 4-1）。

表 4-1　一般印刷和包装印刷的对比

<table>
<tr><th colspan="2">对比项目</th><th>一般印刷</th><th>包装印刷</th></tr>
<tr><td rowspan="2">承印物</td><td>种类</td><td>纸</td><td>纸、纸板、瓦楞纸、铝箔纸、玻璃纸、金属（镀锡薄钢板、铝板等）、塑料、玻璃、陶瓷、竹、木、布、皮革、复合材料等</td></tr>
<tr><td>形状</td><td>平面</td><td>平面、曲面、不规则面</td></tr>
<tr><td colspan="2">印刷技术</td><td>平印、凸印、凹印</td><td>平印、凸印、凹印、特种印刷</td></tr>
<tr><td colspan="2">生产特点</td><td>一般为固定品种、一定规格数量的书刊，印量可至百万印数以上</td><td>具有商品属性，多品种、多规格、交货快、质量档次高
印量：几十至几千张</td></tr>
<tr><td colspan="2" rowspan="4">印前、印后加工处理</td><td rowspan="4">较简单、固定
印前：晾纸
印后：装订</td><td>纸张印后进行上光、覆膜、模切成型等加工处理</td></tr>
<tr><td>塑料
印前：印涂、印白墨
印后：复合热封加工等</td></tr>
<tr><td>金属
印前：印涂、印白墨
印后：印罩光油、冲压成罐</td></tr>
<tr><td>玻璃
一般使用印刷贴花纸
陶瓷
转印于容器表面，高温烧制</td></tr>
</table>

一、包装印刷的种类

（一）凸版印刷

凸版印刷简称“凸印”，是用凸版印版印刷图文的方法。凸版印刷是最早发明的活版印刷，由我国古代的胶泥活字和木刻活字发展而来。凸版按材质分为木制版、铅版、铜锌版、塑料版、感光树脂版、尼龙版、橡胶版等，以铜锌版和铅版较为常见。

制版过程如下（以金属版为例）。

首先，设计师需要将原始的画稿和黑白稿进行照相分版。这一步骤将画稿分成不同的色彩层或色调层，以便后续的制版工作。接下来，将分版后的画稿和黑白稿通过感光药膜烤晒在铜锌版或铅版上。感光药膜是一种特殊的涂层，可以在光照下产生变化，用于记录画稿和黑白稿的图像信息。然后，将感光药膜覆盖的金属版放入硝酸溶液中进行蚀刻。硝酸溶液会腐蚀金属版上未被感光药膜保护的部分，将不需要的部分腐蚀掉，留下的部分则保留在印版上。这样，金属版上便形成了凹凸不平的图案和文字，即凹凸版。印刷时先将油墨均匀涂敷在印刷凸部，然后施加压力（约 30 千克 / 平方厘米），将油墨转印到承印物上。

凸版印刷的特点是印版耐印率高，墨色饱满而有光泽，图文清晰，印刷品再现性好，但对以网点来表达阶调的印件，其层次效果不及平印。另外，由于油墨在版面上的均匀度难以把握，所以印刷的幅面不宜过大，最好不要超过 4 开尺寸的画面（见图 4–1）。

鉴于凸版的这些特点，凸版印刷适用于一些套色不多的标签、吊牌、请帖、小包装盒、信纸和信封等以色块、线条为主的印刷及烫印、压凸等加工工艺。

（二）胶版印刷

胶版印刷简称“胶印”，是平版印刷（包括胶版印刷、石版印刷、珂罗版印刷等）中最普遍的一种，由早期的石版印刷发展而来。胶印的特点是印刷版面的图文部分与空白部分在同一平面上，是将印版上图文部分的油墨先转印到橡胶滚筒上，然后再转印到承印物上的间接印刷方法（见图 4–2）。

胶印不像凸印需要画制版的黑白稿，而采用电子扫描分色制版，将色（原）稿电子分色胶片（软片）晒印到 PS 版上，PS 版上的药膜感光而制成印版，再将 PS 版装到印刷机上形成印版滚筒。印版滚筒上的图文部分亲油疏水吸附着油墨，非图文部分亲水疏油，不附着油墨；印刷时印版滚筒图文部分的油墨转印到橡胶滚筒上后，再由橡胶滚筒转印到压印滚筒的承印物（纸张）表面。胶印的特点是装版简便，耐印率高，可印精细的图文，印

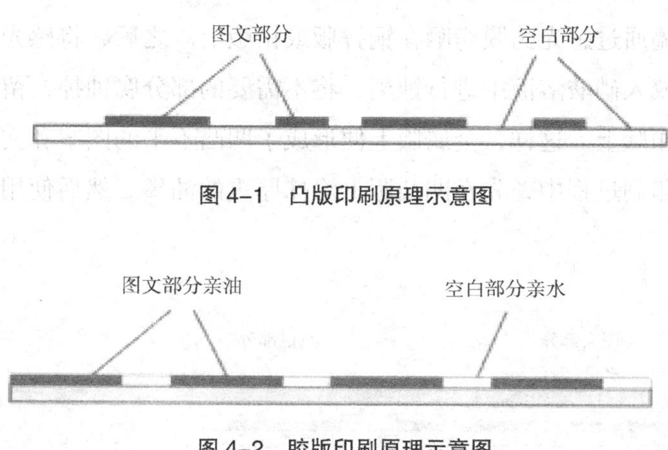

图 4–1　凸版印刷原理示意图

图 4–2　胶版印刷原理示意图

件幅面大。除纸张外，胶印还可印铁等其他材料。但缺点是墨色单薄不足，缺乏光泽。

除了专色印刷，胶印不需要人工调墨色，千变万化的各种色调是通过 CMYK 四色（C 蓝、M 品红、Y 黄、K 黑）套叠来形成的，而每一色都能从 100% 的实地版到 90%、80%、70% 直至 5% 的网点层次进行变化。也就是说，通过网点的大小、疏密来形成色彩的深浅层次；通过色彩的套叠产生视觉混合（减光混合）形成各种色调和色阶；网点的数量和疏密程度决定了网层的精度。

胶印油墨颗粒细，油脂轻稀，因此油墨的吸附均匀且薄，印刷效果细致柔和。胶印的印刷速度很快，上机后按颜色先后印刷要求将印版依次排列，一次性完成印刷。最常见的是四色印刷机，即通过四套色一次性完成印刷。如今已发展到六色、七色甚至八色印刷机，印刷过程全部由计算机控制。

（三）凹版印刷

凹版印刷简称“凹印”，是用凹版印版印刷图文的方法。凹版印版按制版工艺分为雕刻凹版印刷、蚀刻凹版印刷、照相凹版印刷等。其版面图文部分凹下、空白部分凸起，然后将凸起的部分上色后直接印在纸上（见图 4–3）。

凹版按材质分为木制版、铅版、铜锌版、塑料版、感光树脂版、尼龙版、橡胶版等，以铜锌版和铅版较为常见。

制版过程如下（以金属版为例）。

首先，设计师需要将原始的画稿和黑白稿进行照相分版。然后，将分版后的画稿和黑白稿通过感光药膜烤晒在铜锌版或铅版上。之后，将感光药膜覆盖的金属版放入硝酸溶液中进行蚀刻，将不需要的部分腐蚀掉，留下的部分则保留在印版上。这样，金属版上便形成了凹凸不平的图案和文字，即凹凸版。在印刷过程中，先在凹凸版上涂抹厚重的油墨。然后使用

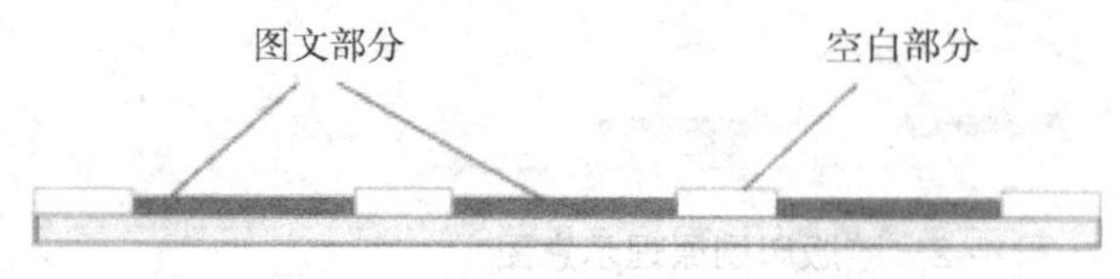

图 4–3　凹版印刷原理示意图

刮墨刀将凸起部分的油墨刮掉，使凸起部分与版面平齐。最后，将印版与印刷品接触，施加压力使凹下部分的油墨传输到印刷品上，完成印刷过程。凹版印刷需要的压力比凸版印刷大 10 倍左右。其图文以不同的深度凹入版面来表现原稿图像的不同层次，因而印刷品图像层次细腻丰富，适于印刷各类阶调图稿。而且凹版的图文不直接接触承印物，所以印版耐印率高，适于印制大批量印件。但凹版印刷制版工艺复杂，装卸版不方便，印版不好保留，一般用于印刷纸钱币、邮票、有价证券等。在包装印刷中，凹版印刷适用于塑料包装、包装纸、包装盒和瓶贴等的高档印刷。

（四）孔版印刷

孔版印刷又称“滤过版印刷”，是用孔版印版印刷图文的方法。它利用孔洞或网眼组成的印版进行印刷。这种印版通常由金属或聚合物等材料制成，孔洞的形状和排列方式可以根据需要进行设计和制造。在孔版印刷过程中，首先需要制作孔版。制作孔版的方法有多种，常见的包括化学腐蚀、电子蚀刻、激光刻蚀等。通过这些方法，可以在印版上形成不同形状和大小的孔洞或网眼。接下来，将印版放置在印刷机上，并在印版上涂抹油墨。油墨会填充孔洞或网眼，在印版上形成图案或文字。然后，将印版与印刷材料（如纸张或纺织品）接触，施加压力使油墨从孔洞或网眼中传输到印刷材料上，完成印刷过程。

丝网印刷是孔版印刷的一种，是以丝绢、尼龙丝网或细铜丝网当作印版印刷的方法，在包装印刷中有独特的表现力和用途。它可以用照相制版法或手工制版法将图像转印到印版上，印版中不需要印刷的部分有抗墨膜阻止油墨的渗透。印刷时，用橡皮刮板刮压，使油墨透过图像部分的丝孔（网眼），印在承印物上（见图 4–4）。

孔版印刷的优点是油墨浓厚，色调鲜艳，可应用在任何材料、曲面或立体承印物上，印制的范围和对承印物的适用性很广。在包装印刷中，孔板印刷适用于印刷各种贴花、标牌、商标及包装材料、包装容器。孔版印刷的缺点是印刷速度慢，以手工操作为主，不适于大批量印刷。

（五）特种印刷

为了满足某些包装印刷品的特殊要求，除了以上 4 种印刷方式，在包装印刷中还经常会用到一些特殊的印刷方式，如立体印刷、喷墨印刷、全息印刷等。

图 4–4　孔版印刷原理示意图

特种印刷的主要特点如下（见表 4–2）。

表 4–2　特种印刷的主要特点

比较项目	印刷类别	
	普通印刷	特种印刷
印版材料	金属版，如铜、锌、铝等；感光树脂版	多种板材，如木版、丝网版。无版印刷，如喷墨印刷
施印方式	典型压力印刷，包括平压平、圆压平、圆压圆	多种多样。可以是压力印刷，也可以是无压印刷，如静电印刷、喷墨印刷
转印材料	印刷油墨	多种多样。除染料或颜料外，还有磁性墨、香味墨、导电墨
承印物	纸张等	各种材质，如塑料、玻璃、金属等。各种形状，如球面、曲面等
印刷数量	几万至百万以上	几十到几千张

1. 立体印刷

立体印刷是根据光学原理，利用光栅板使图像景物具有立体感的一种印刷方法。这种技术利用照相机从不同角度拍摄同一景物，通过透光镜和光栅板拍摄成底片。随后，通过制版印刷，在每张印刷品上复合一层与拍摄时完全一致的透明塑料光栅板。当人们通过光栅板观察图像时，由于光栅的折射作用，使一部分图像进入观察者的左眼，另外一部分图像进入观察者的右眼，由于左右两眼的视角不同，通过视觉中枢的综合处理，便产生了图像的立体感（见图 4–5）。

图 4–5　立体印刷的《胚胎》唱片

立体印刷可以逼真地再现物体，具有很强的立体感，印刷成品的图像清晰，层次丰富，形象逼真，趣味性很强，同时也有一定的动感，特别受青少年的喜爱。立体印刷常常被用于儿童玩具、文教用品、化妆品、打火机、纪念章等以及小礼品的包装上，甚至有些礼品包装盒就应用立体的印刷作为装饰。

2. 喷墨印刷

喷墨印刷是一种常见的数字印刷技术。它通过计算机控制喷嘴将油墨以微小的喷射颗粒形式喷射到承印物上，实现图像和文字的印刷。它先将原稿模拟图像信息转换为数字印刷信息，以数字形式存储，印刷时数字信号指挥喷墨装置使墨水按要求喷射到承印物上形成图文，不需要制版，也不需要喷墨头与承印物接触，保持一定的距离，且不需要压力。因此，喷墨印刷是一种无压印刷方式。

喷墨印刷全部操作过程实现了自动化，可以单色或多色印刷，而且印刷装置体积小、质量轻、操作方便、运转费用低，因此被广泛用于包装印刷、商标标签印刷，还被用于包装工业的产品流水线上，快速打印生产日期、批号、条形码等（见图 4–6）。随着计算机技术的不断发展，喷墨印刷被越来越多地运用于包装。

3. 全息印刷

全息印刷是一种基于全息照相技术运用先进激光技术进行印刷的新方式。全息图像的立体感是在拍摄时使用某一固定频率的激光光源，通过两束光相遇后发生干涉作用来实现的。感光材料记录的是被摄体的立体信息，包括构成景物的每一个质点射出光波的全部信息，不仅记录了被摄体上光的强度，而且记录了光在被摄体上的凹凸变化。当观看者从相应方向通过全息图片进行观察时，尽管实物已不存在，但人眼仍能接收到原物体上的光波，从而看到三维的虚像。如果用与原参考光束传播方向相反的光束照射这张全息图片，就会在原物体所在位置上产生一个三维的实像。全息印刷通常被用来印刷包装上的防伪标志和特殊标签等（见图 4–7）。

图 4–6　酸奶包装底部喷墨印刷的条形码

（a）

（b）

图 4–7 使用全息印刷进行防伪的诺基亚包装

二、包装印刷的加工工艺流程

印刷其实是一种复制技术，通过不同的方法将文字、图形或图像等内容制成大批量的复制品。这些复制品可以用于出版物、广告、包装、宣传品等各个领域。对于主要通过印刷来实现批量生产的包装制品，包装设计原稿转化为批量的包装成品，需要经过一系列的印刷生产工艺流程。

（一）获取设计稿

设计稿是印刷制品的综合设计方案，它包括各种印刷元素的组合和安排，如图片、插图、文字、图表等。设计稿的制作是印刷前的重要环节，为印刷品的最终效果提供基础和指导。

过去，设计师在制作设计稿时通常使用传统的手工绘图工具和材料，如铅笔、纸张、墨水等。这种方式需要设计师花费大量的时间和精力来完成设计稿的绘制和修正。而且，由于手工绘图的限制，设计稿通常只能呈现黑白效果，无法真实地展示最终印刷品的色彩和细节。然而，随着计算机技术的发展，计算机辅助设计（CAD）在包装设计中得到了广泛应用。通过使用专业的设计软件，设计师可以在计算机上创建和编辑设计稿。这种方式使得设计元素的编辑和设计变得更加直观和灵活。设计师可以轻松地添加、删除或调整不同的元素，实时预览设计效果，并进行必要的修改和优化。

（二）照相与分色出片

在传统的印刷过程中，一张印版只能印刷一种颜色。因此，在进行彩色印刷时，需要采用特定的技术来实现多种颜色的表现。其中，照相分色和电子分色技术是常用的方法。

1. 照相分色

照相分色是一种常用的彩色印刷技术，基于三原色原理，将彩色原稿通过红、绿、蓝紫 3 种滤色镜进行分色。其目的是制作出与原稿中的颜色相对应的印版，以实现彩色印刷。

具体而言，照相分色技术首先需要将彩色原稿通过红、绿、蓝紫 3 种滤色镜进行分色。每个滤色镜只允许通过对应颜色的光线，从而将原稿分解成红色通道、绿色通道和蓝紫色通道的图像。接下来，利用这些分解后的图像制作相应的印版，通常是蓝色、洋红和黄色的分色底片。最后，再加摄一张黑版底片，形成印刷的四原色。通过按顺序印刷这些印版，可以还原出原稿中的彩色图像。

在特殊情况下，为取得更精美的印刷效果，除基本的四原色外，还可以加入淡红与淡蓝两色，即构成六色印刷。其他情况下，根据需要还可以增加专色印刷。

2. 电子扫描分色

电子扫描分色，简称电分。电分是在分色原理基础上，运用电子扫描技术进行分色的方法。与传统的照相分色相比，电分更加快捷和准确，目前已广泛取代照相分色。

电分的原理是将照片放在电子分色机上进行扫描，将图像信息转换为电信号。在扫描过程中，光点被感光器件捕捉并转换为电信号，然后通过放大和处理，调整图像的亮度、对比度和颜色信息。接下来，经过计算机处理，对图像进行分色处理，将颜色信息划分为不同的色彩通道。在分色处理完成后，电子扫描分色技术利用光电管逐点扫描在感光软片上，形成网点分色片。由于电子扫描分色利用计算机计算，所以可进行多方面的改色、局部修色、变形及特殊效果等调整和修改，从而更好地满足印刷要求。

（三）制版

凸版、平版、凹版、丝网版印刷的制版工艺是有区别的。在现代印刷中，常见的金属版、塑料版和橡胶版印刷可以通过感光、腐蚀等方法进行制版，以便在印刷过程中传递图像和文字。现代平版印刷中最常见和广泛应用的方法是通过分色制作软片，然后将软片晒制到 PS 版上进行印刷。

PS 版又称“重氮树脂版”，是一种预先制成的涂有感光膜的薄金属印版。感光膜由树脂与重氮化合物调制而成，感光膜感光后，经显影（融化液溶解）、冲洗、吹干，只需 15 分钟便可以制好印刷用的印版。

（四）拼版

在平版印刷中，制作好的软片需要按照印刷要求进行拼接，然后将它们晒到印刷晒版（PS 版）上，以便进行印刷，这个过程即拼版。

（五）打样

计算机屏幕显示的设计效果同印刷成品之间有误差，特别是色彩误差是设计人员面对的一大困扰。因此，在正式印刷前，通常要用晒制的印版在打样机上进行少量试印，以便与设计原稿进行比较，检验制版工艺过程中的质量效果，校对有无差错，为印刷提供标准的分色样和全色样。

印刷打样有较高的准确性，特别是色彩准确性高，但印前打样通常采用铜版纸，如果希望在印前得到准确的打样，应该采用印刷实际用纸（特别是自己提供印刷用纸）打样。

因为使用印刷打样机（机械打样）费时费资金，现在大都采用数码打样。数码打样色彩会有偏差，因为印刷油墨与数码打样颜料是不同性质的原料，色彩原料的改变会使色彩有偏差。但近些年开发的色彩管理专业软件使数码打样机的打印效果很接近印刷成品，可以作为一般印刷的依据和参照。

（六）印刷

在印刷过程中，需要根据所需的印刷开本度，选择合适的印刷设备进行大批量印刷。在正式印刷前，印刷操作人员先裁切好纸张，将印版在印刷机上安装就绪（装版），经过开机调试，按打样稿印出少量样张，经设计人员或委托人签字确认后（俗称跟单），就可以正式开始印刷了。

（七）印后加工成型

印后加工成型包括上光、覆膜、烫印（金银等）、凹凸压印、模切压痕、折叠、黏合、成型等后期加工工艺。

三、包装的印后加工工艺

包装的印后加工工艺是指完成印刷后对印品进行的处理，可以分为对于包装印刷品进行的表面加工和成型加工两部分。表面加工是印刷过程中的一项重要步骤，旨在通过后期加工提升印刷品的美观度和品质。常见的表面加工工艺包括上光、覆膜、烫印等。成型加工主要有浮出、凹凸压印、模切压痕等加工工艺。凹凸压印和烫印需进行局部加工处理，如果是拼版印刷必须待印刷后将其裁切成单件后再加工处理。

（一）上光

上光，又称“罩光”或“过光”，是在印刷品上涂覆一层光油，使其形成一层富于光泽的薄膜。通常通过上光机、磨光机等设备在印刷品上覆上一层罩光油或上光涂料，使印刷品增加光泽和美感，并起到防潮防霉、抗摩擦和防化学腐蚀的作用，同时替代覆膜。

印刷上光既可以进行满版上光，也可以进行局部上光。20世纪末，紫外线（UV）上光技术得到了广泛应用。利用UV照射固化上光涂料的方法，既有利于解决印刷品在光泽加工过程中的诸多问题，还使经上光处理后的印刷品废弃物可回收再用或自行分解，不会污染环境。因此，UV上光是一种理想的上光工艺，具有非常广阔的应用前景和发展潜力。

（二）覆膜

覆膜是一种常见的表面加工工艺，也被称为贴膜。它通过将涂有黏合剂的塑料透明薄膜与纸印刷品加热、加压黏合在一起，形成一层保护层。覆膜的主要目的是增加印刷品表面的平滑度和光泽度。薄膜的透明性使得印刷品的图文更加清晰可见，颜色更加鲜艳。覆膜还可以提升印刷品的质感，使其更具吸引力。

除了美观效果，覆膜还具有多种功能。首先，覆膜可以提供防水性，保护印刷品不受潮湿环境的影响。其次，覆膜可以防止污渍和污垢附着在印刷品表面，使其更易清洁和维护。此外，覆膜还可以增加印刷品的耐磨性，使其更耐用。在折叠和弯曲时，覆膜可以提供更好的抗折性能，防止印刷品出现裂纹或损坏。此外，覆膜还具有耐化学腐蚀的特性，可以防止化学物质对印刷品的侵蚀。

覆膜的透明薄膜分为亮膜和亚光膜两种。虽然覆膜比上光的成本高，但其对印刷品的保护作用更好。然而，覆膜的印刷品回收利用较为困难，环保性较差。在欧美等国家，塑料覆膜工艺已逐渐被淘汰，有些国家甚至拒绝进口有塑料覆膜的包装物。因此，在上光可替代的情况下，应慎用塑料覆膜工艺。

（三）烫印

烫印又称“热压印刷”，是一种将需要烫印的图案或文字制成凸型版，通过一定的压力和温度，将各种电化铝箔片（金、银、红、蓝、绿等金属色箔）印制到承印物上的工艺。经过烫印处理的包装会产生闪烁的特殊效果，增强视觉吸引力。如果在烫印部位再进行凹凸压印，效果会更加突出。

（四）浮出

浮出印刷是一种特殊的印刷工艺，其通过在印刷完成后未干的油墨上撒布树脂粉末，并通过加热使粉末溶解和膨胀，形成凸起的印纹效果。这种工艺可以为印刷品增加立体感和触觉效果，提升其视觉吸引力和触感体验，因此常用于高档礼品包装、书籍装帧、宣传册和名片等印刷品上。

（五）凹凸压印

凹凸压印，又称“轧凹凸”或“凹凸印刷”，是一种不用油墨的印刷工艺。该工艺利用凹凸两块印版，在承印物表面压印出具有凹凸效果的图形或文字。通过凹凸压印，可以在已印刷的图形或文字部分，通过上下阴阳模的压印，使压印部位凸出或凹进纸面（见图 4–8）。

（六）模切压痕

模切压痕，又称“压切成型”或“扣刀”，是一种用于将包装印刷纸盒制成特定形状的工艺。通过模切和压痕工艺，可以完成这一过程。在传统工艺中，将有锐边的钢片（称为模切刀）弯成所需形状并装到木块上（称为排刀），排成模框后制成刀模，再在模切机上将承印物冲切成特定形状的工艺称为模切。压痕指的是利用钢线（称为压线刀）并通过压印的方式，在承印物上形成痕迹或便于折叠的槽痕。这种工艺可以增强印刷品的结构性能和可折叠性，使其更易于加工和使用。压痕通常与模切工艺结合使用，形成模切压痕工艺。在模切压痕工艺中，模切刀和压线刀被组合在一起，通过模切机同时进行模切和压痕加工。这种一体化的加工方式可以提高生产效率，减少加工步骤，节省时间和成本。模切压痕工艺广泛应用于各种印刷品的加工中，特别是纸盒、纸袋、贺卡和信封等需要折叠和装配的产品（见图 4–9）。

图 4–8 采用凹凸压印工艺制作的酒盒

图 4–9 采用模切压痕工艺制作的端午礼盒

目前，激光模压技术得到了广泛应用。激光模压是利用现代激光切割技术制作模切版的方法，只要将所需模压的尺寸、形状及承印物的厚度等数据输入计算机，由计算机控制激光头的移动，即可在印版上切割出复杂的图形，制成模切压痕底版。采用激光模压制作模切版，不但可切割出任意的形状和图案，而且具有速度快、精度高、误差小、重复性好的优点。

第二节　包装印前设计制作

包装印前设计制作可以看作包装的印前工作。随着数字印前工艺的发展和完善，包装印前设计制作已从原先手工作坊式的绘制方式转为计算机桌面应用。通过利用计算机技术和数字化流程，能够高效完成印刷品制作的各个环节，这大大简化了以往传统制作稿件的烦琐操作过程。

一、包装印刷稿的绘制和输出

传统印刷工艺包括一系列环节和要素，其中原稿、印版、油墨、承印物和印刷设备是最重要的 5 大要素。它们在整个印刷工艺中发挥着关键作用。

在印刷中，原稿指用于印刷复制的原样，可分为文字原稿、图像原稿、实物原稿、复制原稿等。设计师在进行设计工作时，通常需要使用各种不同类型的素材来实现创意和设计目标。然而，并非所有的设计素材都需要从头开始原创，因为有许多资源可以通过其他途径获取。例如，通过数码照相机可以直接获得拍摄的电子文件。

印版是传统印刷中的关键要素之一。印版是将原稿上的图像、文字等内容转移到承印物上的工具。常见的印版包括平版印刷版、凹版印刷版、凸版印刷版等。印版的制作质量和精度决定了印刷品的图像清晰度和准确性。

扫描是将反射稿和透射稿进行数字化处理的关键步骤。通过扫描，可以将原稿的图像和内容转换成电子的 CMYK 模式，方便后续的编辑和处理。常用的扫描仪是电荷耦合器件（CCD）平板扫描仪。CCD 利用光敏元件对光信号的敏感性，将原稿上的光信号转换成电压信号，然后将这些信号数字化并记录在计算机上。扫描一般用 300dpi[①] 分辨率即可，过高的分辨率会增加文件的占用空间而无明显益处。

① dpi：图像每英寸长度内的像素点数。

随着计算机桌面系统的推广，包装印刷稿的绘制和输出摆脱了以前手工作坊式的操作，制作精度和工作效率大大提高。常用的软件包括Adobe公司的Photoshop、Corel公司的Corel DRAW以及Adobe公司的Illustrator等软件。Photoshop主要用来处理图像和照片，Corel DRAW和Illustrator则主要用于图形、文字与纸盒结构的制作。随着软件的升级，图像和照片的一些简单调整也可以用Corel DRAW或Illustrator完成。

在包装印刷品的设计和制作过程中，图像、文字和色彩是3个基本的视觉要素。它们相互作用，共同构成了印刷品的外观。为了在最终印刷品中准确呈现出所需的色彩和细节，必须进行良好的印前处理工作，包括制版、晒版和转印等步骤。在选用摄影图片时，应注意清晰度、颜色及色调范围。如果摄影图片效果不理想，可以在计算机中进行调整和优化。

文字一般由键盘输入，并在排版软件中进行编排和处理。随着计算机字库的不断发展，可供选择的字体种类变得异常丰富。

制版是印刷过程中至关重要的一环。首先要确定采用凸印还是胶印，不同的印刷方式对设计稿的要求也有所差异。凸版印刷适合以色块、线条为主的包装印刷，而胶印是目前应用最广、比较先进的印刷方式。

如果采用凸印，为了确保印刷效果与原稿一致，需要制作区分颜色的套版黑白稿。制作套版黑白稿是为了将原稿中的不同颜色分离成独立的层次。在凸版印刷中，不同颜色的油墨需要分别转移到印刷介质上，因此需要制作相应的印版。套版黑白稿可以帮助制版工人准确地制作每个颜色的印版，确保印刷过程中每个颜色的位置和对应关系准确无误。如果采用胶印，其设计稿可以直接用电子扫描分色机制成制版胶片（菲林），不需要再绘制黑白稿。

胶印制版是通过计算机控制的电子扫描分色机进行网点扫描，将印刷制版稿反射转化成电子数字像素模式的分色底片，将原稿按红、黄、蓝、黑4个版次分别制成4张菲林胶片。电子扫描分色对色彩的分辨与还原非常准确，印刷网点的精度每英寸① 可达150线以上，可完全满足一般包装的精细印刷要求。

设计稿完成后，通过网络或刻盘送到出片公司输出，就可以得到所需要的菲林和打样稿。确认后就可以送到印刷公司，进行晒版和上机印刷。

① 1英寸约为2.54厘米。

二、包装印前设计制作的注意事项

（一）分辨率

在进行数字化出版流程之前，非数字状态的原稿需要通过扫描进行数字化处理。扫描是将纸质原稿转换为数字形式的过程，对于后续的印刷和出版流程至关重要。在进行扫描时，需要确定合适的扫描分辨率，这将直接影响到印刷成品的质量。

扫描分辨率是指扫描仪在单位长度内所能捕捉到的像素数量，通常用dpi来表示。扫描分辨率决定了扫描到的信息量，即图像的细节和清晰度。较高的扫描分辨率可以捕捉更多的细节，但同时也会增加文件大小和处理时间。因此，选择合适的扫描分辨率非常重要。

在印刷过程中，扫描分辨率的选择应该考虑到最终印刷品的要求和网屏的加网线数。网屏是用于印刷的一种特殊网状结构。加网线数表示网屏上每英寸的网线数量，是印刷过程中的一个重要参数。根据加网线数，可以确定合适的扫描分辨率。一般来说，扫描分辨率应该是加网线数的1.5～2倍。正常情况下的彩色印刷在150～175线数，扫描分辨率设置为300dpi就够用了。但是当图片需要放大时，就需按放大率乘以网线数来确定扫描分辨率。例如，图片将放大至400%，dpi为175线数，则扫描分辨率应为4×175=700dpi。为了保证印刷精度，最好避免对图片进行放大处理，以免降低印刷效果。

（二）色彩输出模式

在印刷制版稿交付输出前，色彩模式一般应设置为印刷模式CMYK。在设计软件中制作的色块和文字的颜色可能与计算机屏幕上显示的颜色存在一定的偏差。这是因为设计软件中的颜色是通过油墨混合来呈现的，而计算机屏幕上的颜色是通过光色混合来呈现的，这两种方式对颜色的表现有所不同。因此，当设计师希望将设计好的作品印刷出来时，需要校对印刷品的颜色，将正确的数值输入计算机颜色卷帘窗菜单里。

（三）专色设置

现代包装设计追求鲜艳、饱和度高的颜色效果。为了实现这种效果，通常会采用专门的颜色印版。传统的四色套印虽然可以实现多色印刷，但对于一些特殊的颜色，如纯正的深红、深蓝、深绿、艳紫和荧光色等，往往难以通过四色套印来准确表现。在这种情况下，需要考虑增加专色印刷。专色印刷是指使用单独的墨色或特殊颜色墨色来印刷特定的颜色效果。对于需要使用专色印刷的颜色，设计师可以选择特殊的墨色来实现，如专门调配的深红、深蓝、深绿、艳紫和荧光色等，以及印金、银等特殊颜色。通过专色印刷，设计师可以更准确地表现出自己想要的颜色效果。一些包装设计巧用四色印刷，如去掉四色中的黄色、蓝色等，以专色代替，可以在四色印刷机上印出需要的专色。例如，国外某品牌的草莓巧克力包装为了突出品牌标准色——深蓝色的色彩表现力，在四色印刷的基础上加入了两种深蓝色专色进行印刷，见图 4–10（a）。同样，国外某品牌的榛子巧克力包装中，去掉了四色中的黑色，加入了深红色、金色、深蓝色 3 种专色，见图 4–10（b）。

目前，由于印刷设备的发展，六色印刷设备已较为普及，为四色印刷以上的专色印刷提供了方便。

（四）包装上的条形码

条形码，又称为通用商品代码，是一种广泛应用于商品管理和销售领域的编码系统。它由一组粗细、间隔不等的黑白平行线条组成，并在条码下方配有数字代码，便于计算机快速有效地对商品进行自动识别、计价、分类、汇总等。条形码的制版印刷应注意以下几点。

1. 条形码的尺寸

为了确保条形码的可读性，建议使用标准尺寸的条形码，即 37.29 毫米 ×26.26 毫米。

2. 条形码的高度

条形码的高度是指条码图案从顶部到底部的垂直距离。为了确保条形码的可读性和扫描成功率，不应随意截短条形码的高度。截短条形码的高度可能导致条码图案的线条变细、间距变小，从而影响扫描设备的识别和解码能力。然而，在特殊情况下，可能需要截短条形码的高度以适应特定

（a）

（b）

图 4–10 草莓巧克力包装和榛子巧克力包装

的应用需求或限制。在这种情况下，应确保条形码剩余高度不低于原高度的三分之二。

3. 条形码的印刷位置

条形码的印刷位置应按国家标准《商品条码 条码符号位置放置指南》(GB/T 14257—2009）规定摆放。无论在包装的哪一面印刷条形码，条形码均应放置在所选面的最下方或包装的底部、背面、侧面。总之，要方便收银员寻找和扫描条形码，且不破坏包装的美观。例如，在茶淀玫瑰干白葡萄酒的酒签上，条形码均采用竖向放置的方式，以避免扫描时条形码随圆柱瓶体失真变形，保证了扫描的精确度。

4. 条形码的底色和线条颜色选择

印刷条形码时，底色和线条颜色的选择对于条码的可读性和扫描成功率至关重要。为了确保条形码能够被扫描设备准确读取，通常会选择白色或浅色作为底色，并采用黑色或深色作为线条颜色。

Corel DRAW 是一款功能强大的图形设计软件，它提供了许多有用的工具和功能，其中包括“Bar Code”功能。这个功能内置了 18 种标准条形码，使用户能够轻松地生成各种类型的条形码，用户只需打开软件并创建一个新的文档，然后通过菜单中的“Edit”选项，选择“Insert Bar Code”命令，选择适当的条码标准，就能生成相应的条形码。

（五）“出血”的设置

在包装设计和印刷制作过程中，为了确保最终产品的质量和美观度，需要注意处理包装的底色，以及图片与边框之间的距离。当底色或图片延伸到包装的边框处时，如果不采取适当的措施，裁切后可能会出现不完整的边缘或白边，影响整体效果。为了避免这种情况出现，制版稿中通常会将色块和图片的边缘线外扩到裁切线以外约 3 毫米的位置，这个额外的区域就被称为“出血”或“切口”。色块外扩到裁切线以外的边缘线称为“出血线”。例如，茶淀赤霞珠干红葡萄酒的酒签边缘处就留出了 3 毫米的出血（见图 4–11）。

图 4–11　茶淀赤霞珠干红葡萄酒的酒签（正签、背签）

（六）模切版制作

在纸盒包装的印刷制作过程中，模切是一个重要的步骤。模切是通过刀模将纸盒按照设计要求进行裁切和折叠线的轧出，以形成最终的包装形状。为了使模切和折叠线的位置准确，需要绘制纸盒的裁切线和褶合线的刀模图。在制作制版稿时，通常将模切版和包装设计放在同一个文件中，这样可以方便地进行直观检验和核对。而为了制作模切刀具，需要在制版稿中专门设立一个图层，用于绘制裁切线和褶合线的刀模图。模切版（见图 4–12）与纸包装结构图基本一致，其绘制方法也基本相同，出现误差会影响到成品的精度以至于不能成型。

（七）拼版

在制版稿中，还需要制作出拼版图。拼版是将制版稿按照实际印刷时的印张大小进行拼接的过程。例如，如果制版稿的毛尺寸是 16 开（即每张纸的尺寸为开本的 16 分之一），但实际上印刷时使用的是 4 开（即每张纸的尺寸为开本的四分之一），就需要将 16 开的制版稿拼接成 4 开的印刷制版底图。在拼版的过程中，需要留出纸盒与纸盒之间的拼版切边线，这是为了保证印刷后的纸盒可以正确裁切并组合成完整的包装形状。一般来说，拼版切边线的宽度应该在 3 毫米以上，以确保在裁切过程中不会出现不完整的边缘或白边。

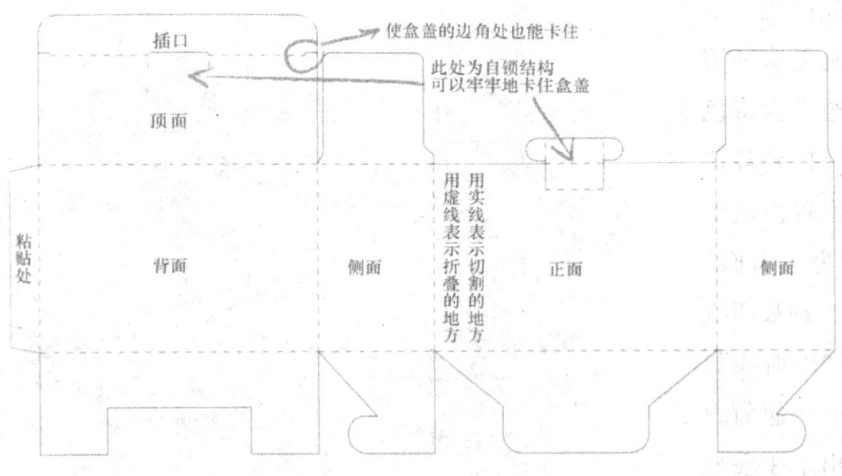

图 4–12 包装盒的模切板

第三节　印刷与纸张

纸张在包装印刷中的重要地位不可忽视，设计师要懂得如何运用纸的特性来增强设计效果。因此，在包装的印刷制作过程中，纸张的选择和使用对最终的印刷效果和包装质量起着重要的作用。

一、纸张的选用

随着造纸技术的发展，纸张的品种越来越丰富，纸张的选用是设计师要面对的问题之一。选择合适的纸张，除了考虑设计效果，还有不可忽视的技术、成本等因素。在纸张的选用方面，设计师要同客户多沟通，特别要向印刷领域的人员多请教。

纸张的颜色会对最终的色彩产生很大的影响。同样白色的纸张也有偏冷偏暖的区别，会影响印刷的色彩，特别是对有色艺术纸（特种纸）的应用，更要注意印后的效果，有条件的话，最好用印刷的原纸打样看一下效果。

纸张的质地同样会影响印刷效果。例如，用特种纸印刷的日本烧酒酒签，朴素雅致的酒签与偏黄的酒色相协调，与光洁的瓶体形成对比，共同营造出一种高贵典雅的产品格调（见图 4–13）。不仅如此，不同纸张具有不同的着墨性，这会对印刷效果产生不同的影响。良好的着墨性能意味着纸张表面能够更好地吸收和固定油墨，使油墨干燥在纸张表面而不是渗入纸张纤维，从而实现更细致的印刷效果，这是高档印刷通常选用有涂布的铜版纸的原因。质地疏松的纸张会吸墨，印后色彩显暗淡，但设计师可以利用这种特性，通过选择着墨性能不好的纸张来创造一种特殊的艺术效果。

空气湿度也会对印刷产生影响。纸张来源地的温度和湿度与印刷场地内的温度和湿度是有差别的，纸张会随湿度高低拉长与收缩，这会对多色套印的准确性产生影响。因此，良好的胶版印刷场地中会安装空气和湿度调节设备。一般印刷厂为了使纸张适应工厂内的温度和湿度，通常将纸张分成小叠放置在工厂内一两天（称为晾纸），等纸张的伸缩性稳定后才取下使用。

图 4–13　用特种纸印刷的日本烧酒酒签

二、纸张的合理应用

在包装设计中，纸张的尺寸是首先要考虑的问题，主要包括用正度纸还是用大度纸、铜版纸还是白卡纸，300 克还是 400 克，插口和粘贴处该留多宽，每个印张能出几个成品，等等。为了便于生产、供应和与印刷机相匹配，纸张的规格通常遵循一套相对固定的标准。设计师有必要了解一般纸的规格，才能合理地运用纸张。

通常所称的纸张开数是指全张纸，对折切成两张称为对开纸，再对折切成两张称为 4 开纸，依此类推，则有 8、16、32、64 开等（见图 4–14）。国内一般印刷用纸（整开）有两种规格：标准纸（正度纸，从英制 31×43 英寸换算而来）为 787 毫米 ×1092 毫米，进口纸（大度纸，从英制 35×47 英寸换算而来）为 889 毫米 ×1194 毫米。另外，还有特殊尺寸的纸，如 880 毫米 ×1230 毫米的特种纸等。所以在选择纸张时要先确定规格，以免造成错误和浪费。在国际上，纸张有一个精密而系统的纸张尺寸国际标准，即 ISO216。此标准的特色是纸张尺寸的长宽比均为$\sqrt{2}$（约为 1.4142），保持此比例的好处是在平分裁切纸张时，其长宽保持不变的比例。关于公制纸张尺寸，则分为 A、B、C 3 种国际纸张尺寸。A 是最基本的纸张尺寸，一张 A0 纸的面积是一平方米，A1 则是 A0 的一半，A2 是 A1 的一半，A3 是 A2 的一半，余下依此类推。

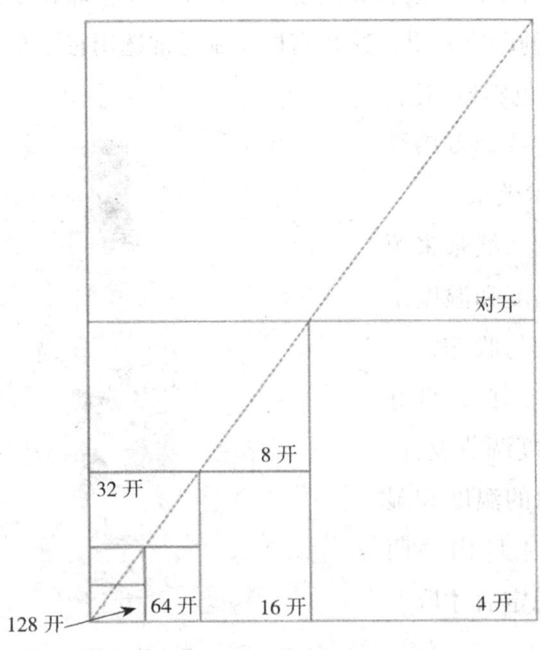

图 4–14 纸张的尺寸

纸张是以重量作为计价标准及区分厚薄的，单位纸张（1 令或 1 平方米）的重量越重，则纸张越厚或密度越大。纸张的重量与规格有很多，各种重量与规格的纸由于用料和工艺的不同其纸质也不同，在选用时要参考纸样，依样选定才有把握。

纸张的规格与印刷机的印刷幅面也有关系，因此，设计师在进行设计时，应该考虑纸盒成品的大小与纸张开数之间的对应关系，以避免资源的浪费。

第五章

包装的品牌策划

近年来，随着社会经济的发展及全球市场竞争的加剧，包装的功能已不仅限于物质层面，而更多地扩展到精神层面。包装功能从纯粹的实用性作用，扩展到支撑和美化品牌，以及从便于产品运输发展到对产品与品牌进行区分。因此，在当前的企业品牌塑造和营销活动中，包装品牌定位和塑造已经成为一个不可或缺的重要环节。通过包装设计和品牌定位的结合，企业可以传递品牌的核心理念，建立品牌认知和忠诚度。这对于企业的品牌形象、市场竞争力和消费者关系的建立都具有重要的作用。

第一节 包装品牌定位方法与营销策略

在商品销售和市场竞争中，包装作为商品的外衣，不仅保护商品的外壳，同时也是促进销售和提升市场占有率的关键因素之一。它可以通过有吸引力的设计塑造商品形象和品牌形象，满足消费者的需求，促进商品的销售，并提升商品的市场占有率。

一、包装品牌定位方法

包装品牌定位是企业根据市场细分和目标市场的特点而制定的重要策略。通过了解不同消费者群体的需求和偏好，并根据目标市场的特点和需求制定相应的包装品牌定位策略，企业可以实现与目标市场的匹配，提升品牌认知度和市场竞争力。

（一）结合产品本身的特点

在进行品牌包装定位时，必须考虑产品的性质、使用场合、使用者及技术含量等因素。不同产品的品牌包装定位受到产品自身因素的限制。例如，日用品和技术密集型产品的品牌包装定位存在一定的区别。日用品注重实用性和经济性，品牌包装定位可能更加注重简洁明确的品牌特征，强调品牌的品质和可靠性（见图 5–1）。而技术密集型产品通常涉及高科技、创新和先进的技术，品牌包装定位可能更倾向于现代、科技感和高端设计风格，以展示产品的技术优势和创新性。

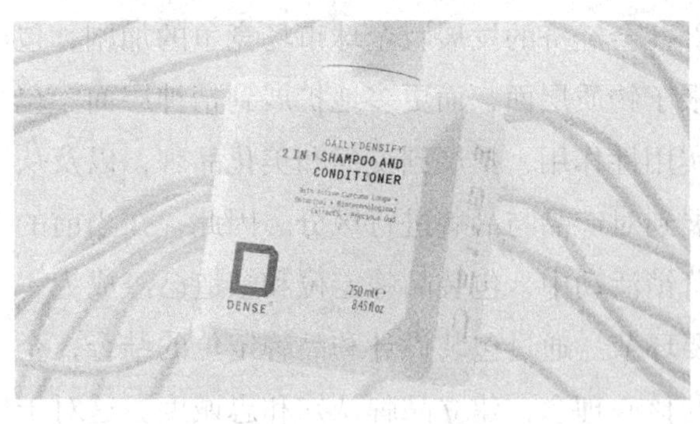

图 5-1 生发液包装设计

(a)

(b)

图 5-2 蒙牛真果粒和伊利舒化奶包装设计

(二)充分利用企业资源

在进行品牌定位时，必须结合企业的资源和实力，确保品牌定位与企业实力相符，既不能过高也不能过低。品牌定位的高低与企业的资源和实力密切相关。如果品牌定位过高，超出了企业的实际能力范围，企业可能无法提供与品牌定位相匹配的产品或服务，导致品质问题、供应链问题或客户服务问题等。这将严重损害品牌的市场信誉，使顾客失去信心，进而导致失去顾客和市场份额。反之，如果将企业的资源进行合理的规划和充分的利用，落实在包装设计和产品质量上，二者便可以相互推动，产生良好的经营生态。

(三)考虑竞争者的品牌定位

在竞争激烈的市场环境中，企业的品牌定位不仅需要考虑自身的资源和实力，还需要考虑竞争对手的存在和行动。通过与竞争对手区别开来，企业可以在市场中突出自己的独特风格，吸引消费者的注意力。例如，蒙牛与伊利是我国乳制品市场上两家知名企业。为了在市场中突出自己的独特风格，蒙牛乳业在包装设计上就与伊利有所不同，这就是一个鲜活的例证(见图 5-2)。

二、包装品牌营销策略

(一)引导消费者的品牌体验

产品包装在市场营销中扮演着重要的角色，它不仅是保护产品的外壳，还是传递品牌价值和满足消费者需求的重要手段。产品包装可以分为核心、形式和扩大 3 个基本层次，每个层次都有其独特的功能和作用。首先，核心包装是指产品包装的使用价值。它关注的是包装在保护产品、方便使用和运输方面的功能。核心包装确保产品在运输和储存过程中不受损坏，并提供方便的使用方式，以满足消费者对产品的基本需求。形式包装是指产品包装的外观结构和设计。形式包装通过品质、特色、款式和品牌等方面的表现，满足消费者对产品的特定需求。形式包装可以吸引消费者的注意力，传递产品的品质和价值，并与目标市场的消费者进行情感上的连接。扩大包装是指通过包装设计和营销手段，将产品与目标市场的需求和消费者的期望进行匹配。扩大包装强调的是包装在品牌识别、市场定位和消费者体验方面的作用。通过差异化的包装设计和品牌传播，企业可以在竞争激烈的市场中突出自己的独特性，吸引消费者的关注。

在市场不断发展完善的今天，外部的商品形式——包装在整个品牌营销过程中日趋重要。在购买决策过程中，消费者通常会面临一定的风险，如产品质量、性能、可靠性、适用性等方面的风险。为了减少这些风险，消费者倾向于选择熟悉且信赖的品牌。

由于消费者不可能深入公司了解产品，因而包装是消费者购物过程中了解产品的最直接形式。在一般性购买过程中，消费者首先是审视包装，通过包装感知接触被包装物。消费者在购买决策中，对品牌的最初感知往往来自产品包装上的图案、文字和背景配置。产品包装在传递品牌信息和引起消费者兴趣方面起着重要作用。由此可见，包装直接成了产品形象具体化、标识化的外在形式。在数不胜数、琳琅满目的品牌中，如何使自己的产品形象在芸芸众生眼里脱颖而出。成功的包装无疑起了巨大作用。例如，雀巢冰爽茶的包装设计就十分独特，其包装视觉效果可以在很短的时间内给消费者留下深刻的印象（见图 5–3）。

包装不仅是图案设计的外在表现，更是将产品的概念和销售主张转化为视觉形象的重要手段。包装可以通过色彩、形状、图案等视觉元素来呈现产品的特征和品牌的风格。通过巧妙的设计，包装可以将产品的核心理念和独特卖点转化为视觉形象，使消费者能够直观地理解和感知产品的价值。适当的包装对消费者积极购物的促进作用十分明显。

图 5–3　雀巢冰爽茶包装设计

1. 营造新鲜感

消费者都具有追求新奇的心理，包装应力求新颖别致，既不落入俗套，又非简单模仿，使人耳目一新。

例如，图 5–4 所示的护肤浴液的包装外观采取人体造型设计，新颖独特，能给女性消费者留下深刻的印象。

2. 营造便利感

在当今信息时代，消费者的时间变得更加宝贵，因此包装设计应该考虑满足消费者的便利需求心理。同时，消费者倾向于选择邻近的超市方便购物，因此包装设计应使他们的购物体验更加便捷和舒适。例如，在饮料包装设计方面，可以采用易于握持和携带的瓶身形状，或者设计带有吸管或瓶盖的包装，以便消费者可以随时随地享用饮料。同时，还可以提供不同大小的包装，以适应不同消费者的需求（见图 5–5）。

3. 营造艺术感

包装设计应力求赏心悦目，给人以美的享受。例如，图 5–6 所示的鲜花的包装设计对鲜花起到了良好的烘托作用。

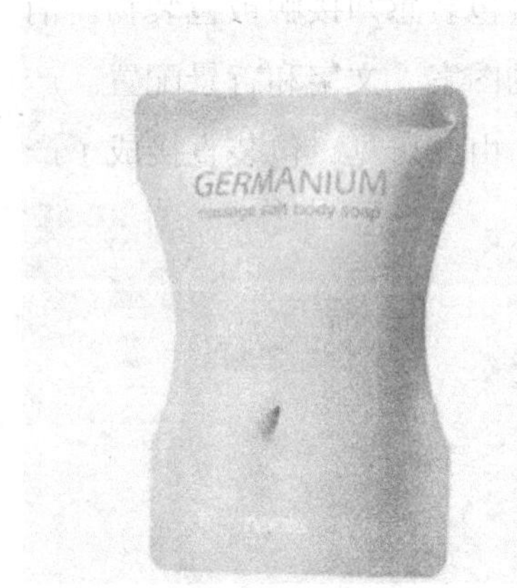

图 5–4 护肤浴液包装设计

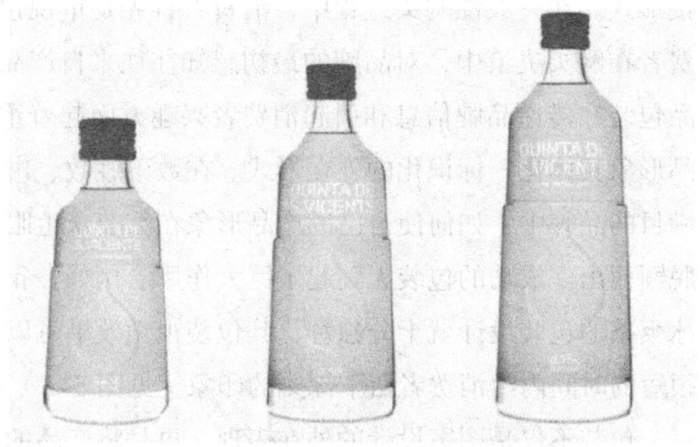

图 5–5 相同品牌饮料不同容量包装设计

（a） （b）

图 5–6 鲜花包装设计

4. 营造直观感

消费者在购物时都希望买到符合自己期望的产品，而不是购买到华而不实的产品。他们关注产品的质量、性能和安全性，希望能够保护自己的人身安全和健康。因此，商品应在包装上应醒目地标注有关商品的安全事项和使用说明。例如，图 5–7 所示的快餐食品包装设计采用纸结构加上透明的塑料材质，使消费者可以清楚直观地看到所包装商品的全部内容。

又如，图 5–8 所示的医用吸氧器械的包装设计同样采取了局部敞开式设计，消费者可以清楚地了解商品的式样、材质等属性。

5. 营造信任感

包装设计可以传递产品信息，并吸引消费者的注意力。然而，包装设计应该遵循诚实和真实的原则，符合产品实际，并注明必要的信息，同时避免夸大商品的性能和质量。不得使用金玉其外、败絮其中的夸大包装设计，以免误导消费者或引起不必要的争议。例如，图 5–9 所示的啤酒包装侧面提供了大量详细、准确的商品信息。

图 5–7　快餐食品包装设计

图 5–8　医用吸氧器械包装设计

图 5–9　啤酒包装设计

在包装整合营销中，设计师可以采用差异化包装策略，使包装与消费者的个性心理相吻合，促进包装与商品在情感上的和谐统一，从而引导消费者了解商品的特质和价值。

（二）丰富包装设计文化要素

包装设计文化在塑造消费者心理和形成品牌偏好心理方面起着重要作用。它包含物质层、组织制度层和观念层 3 个层次。首先，包装设计文化通过物质层影响消费者心理。物质层指的是包装设计的实际物质表现，包括包装的外观、材质、颜色、形状等。这些物质元素可以通过视觉、触觉和感官体验等方式对消费者产生直接影响，引起他们的注意和情感共鸣。其次，包装设计文化通过组织制度层影响消费者心理。组织制度层指的是包装设计所属的品牌、企业或组织的价值观、形象和声誉。消费者对品牌的认知和信任会影响他们对包装设计的接受度和偏好。一个具有良好品牌形象和声誉的企业，其包装设计往往会得到消费者的认可和青睐。最重要的是，包装设计文化的核心是观念层。观念层指的是包装设计所传递的思想、理念和文化内涵。包装设计可以通过图案、标识、文字等方式传达品牌的核心价值和主张，引发消费者的情感共鸣和认同。观念层的形成离不开社会文化、历史背景和消费者的心理需求。通过与消费者的心理共鸣，包装设计文化可以塑造消费者对品牌的偏好心理观念，激发他们对产品的购买欲望和忠诚度。

地域特色可以使包装设计与特定的地区或文化相关联，突出品牌的独特性和与众不同之处。例如，阿诗玛和希尔顿等品牌的包装设计常常展示了当地的地域特色和民俗元素。这种富有地域特色的包装设计可以激发消费者的情感共鸣，增强品牌的认同感和好感度。此外，一些品牌通过包装设计体现民族特色。例如，白兰地和茅台等品牌的包装设计常常融入民族文化元素，如传统图案、文字符号等，以展示产品的民族特色和独特魅力。这种民族特色的包装设计可以引起消费者的文化认同和自豪感，增加产品的吸引力和市场竞争力。此外，酒鬼酒的包装设计语言源自民间，展现了粗犷的质朴感。这种包装设计与产品的品质相呼应，符合消费者对酒鬼酒的认知和期待，赢得了消费者的认可和喜爱（见图 5–10）。

（三）突出商品的形象色

商品色彩的美感不仅构成了商品的价值和审美价值，还是评价商品质

图 5–10　酒鬼酒包装设计

量的主要因素之一。商品及其包装上的色彩具有特殊的作用，可以对消费者的情感和行为产生巨大影响，被视为最具魅力的表现手段。不同的色彩可以引起不同的情绪体验，如红色可以激发热情和活力，蓝色可以带来安静和冷静的感觉。商品及包装上的色彩选择可以根据目标消费者的需求和品牌定位来进行，以达到最佳心理影响效果。

举例来说，美国宝洁公司在我国市场上推出的飘柔、潘婷和海飞丝洗发水品牌，每个品牌都展现了独特的个性，体现了活力和创新的品牌形象（见图 5–11）。首先，飘柔洗发水注重产品的柔顺和保湿效果，因此，飘柔的包装设计以柔和的色彩和简洁的线条为特点，展现了品牌的温和和柔美形象。其次，潘婷洗发水品牌展现了自信和优雅的个性，因此，潘婷的包装设计以简洁大方的形式和优雅的色彩为特点，展现了品牌的高质量和专业形象。

（a）

（b）

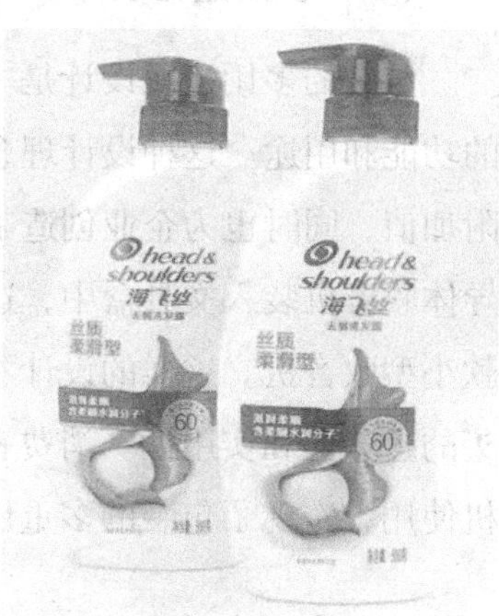

（c）

图 5–11　飘柔、潘婷、海飞丝包装设计

最后，海飞丝洗发水品牌展现了活力和创新的个性，因此，海飞丝的包装设计以鲜艳的色彩和动感的图案为特点，展现了品牌的活力和创新形象。

第二节　包装促销设计与品牌延伸

一、促销包装的设计技巧

俗话说“货买一张皮”[①]。那么，如何设计商品的包装才能达到促销的目的？下面介绍几种常用的促销包装的设计技巧。

（一）配套化设计

包装的配套化设计指的是将相关产品放在同一包装中，以方便消费者在购买和使用过程中获得更多的便利和选择。这种做法在市场营销中被广泛应用，对于新产品的推出和销售有着积极的影响。例如，有的企业将人们出差、旅行所需的牙膏、牙刷和香皂等组合在一起，形成旅行套装或出差套装。这种配套化设计的包装方案能够满足消费者在旅行或出差时的需求，提供一站式的解决方案。消费者在购买这样的套装时，可以一次性获得多种相关产品，避免了单独购买不同产品的麻烦。同时，这种配套化设计也有助于消费者逐渐适应新产品，增加产品销量。

（二）多用途化设计

包装的多用途化设计是一种创新的包装策略，它使包装容器具有更多的功能和用途。这种设计理念为消费者提供了额外的利益，增加了产品的附加值，同时也为企业创造了奇妙的推销效果。举例来说，有的企业将半导体收音机装入文具盒中，这种设计让消费者在购买文具的同时获得了一款小型收音机。这样的设计不仅为消费者提供了额外的产品，还增加了购买的趣味性和实用性。消费者可以在使用完文具后，将包装容器作为收音机使用，实现了包装的多重用途，提升了产品的价值和吸引力。

① 余爱云、刘列转主编：《市场营销理论与实务》，北京理工大学出版社2021年版，第118页。

（三）采用附赠品

采用附赠品是一种常见的市场营销策略，通过在产品包装中附赠额外的物品或优惠券等形式，吸引消费者购买。这种包装设计能够刺激消费者的购买欲望，增加产品的吸引力和附加值。然而，附赠品的包装策略也需要注意合理性和可持续性。包装设计应考虑到附赠品的实用性和与产品的相关性，以确保消费者真正受益。此外，附赠品包装材料的选择和环保性也需要被重视，以减少对环境的负面影响。

（四）强化民族风格

我国作为一个拥有悠久历史和丰富多彩民族文化的国家，具有独特的艺术特色。我国的传统艺术形式，如中国画、剪纸、刺绣等，以及传统的文化符号和图案，都具有独特的美感和文化内涵。运用民族风格的包装设计可以让消费者感受传统艺术之美，同时在琳琅满目的商品中展现传统文化的价值。通过在包装设计中运用民族风格，可以将传统艺术与现代商品相结合，创造出独特而有吸引力的包装形式。这种包装设计不仅能够吸引消费者的注意力，还能让消费者在购买商品的同时感受到传统文化的魅力。在国际市场上，具有民族风格的包装设计可能更受欢迎。当前，消费者越来越重视产品的文化内涵和独特性，对于展现地域特色和民族文化的产品更感兴趣。通过运用民族风格的包装设计，产品能够在竞争激烈的市场中脱颖而出，吸引更多的消费者。这种包装设计不仅是一种市场营销策略，更是一种文化输出的方式，通过产品传达我国的独特魅力和文化。

现如今，包装设计在产品销售中的作用越来越大，加之包装设计又具有千变万化的特点，因此能够直接影响消费者的购买决策和产品销售的命运。企业应当高度重视包装设计对产品销售的影响，通过精心设计产品的包装来提升产品的差异化竞争力，吸引消费者的注意力和兴趣，增加产品的附加值。

二、品牌延伸系列化包装

（一）品牌延伸系列化包装概述

1.品牌延伸的概念和类型

品牌延伸是指企业利用现有品牌的知名度、信誉和市场影响力，进入新的产品类别或市场，推出各种新产品，满足消费者不同的需求。品牌延伸的优势在于，新产品可以借助现有品牌的知名度和市场影响力迅速进入市场。消费者更容易尝试和接受已经熟悉并信任的品牌推出的新产品，因为他们对该品牌的品质和价值有一定的认知。这种认知可以转化为对新产品的认可度，使新产品在市场上的推广和销售更加顺利。尤其在竞争激烈的市场中，品牌延伸可以减轻竞争压力。通过利用现有品牌的优势，企业可以在新产品推出时立即获得市场份额，并与竞争对手形成差异化竞争。例如，乐百氏相继推出乐百氏 AD 钙奶、乐百氏健康快车、乐百氏纯净水、乐百氏脉动运动饮料等延伸品牌商品以及相应的包装设计（见图 5–12、图 5–13）。

品牌延伸是企业将现有品牌的影响力和信誉延伸到多个产品上的策略。在品牌延伸过程中，正确使用母品牌名至关重要。母品牌名是家族品牌的核心标识，它代表着企业的整体形象和价值观。正确使用母品牌名可以帮助消费者建立对品牌的一致认知，并在不同产品之间建立联系。

一般来说，品牌延伸可以分为两类：产品线延伸和品类延伸。其中，产品线延伸是指母品牌推出新产品，如不同口味、颜色、包装规格等，以满足消费者的不同需求，并重燃消费者对品牌的热情。例如，农夫山泉旗下的东方树叶系列茶饮料就采用了产品线延伸的策略。他们推出了不同口味的茶饮料，如绿茶、红茶、茉莉花茶、青柑普洱、乌龙茶等，同时保持了整体一致的包装设计，以突出每种口味的个性特点（见图 5–14）。这种产品线延伸不仅能够吸引原有消费者的关注和购买，还能够吸引新的消费者试用和体验，从而增加销售额和市场份额。品类延伸则指的是母品牌进入不同领域，推出与原有产品不同的产品。这种延伸策略可以利用母品牌的知名度和信誉，帮助新产品在市场上获得认可，并节约市场进驻的成本和时间。一个成功的例子是韩国的乐金（LG）集团。LG 将公司名称覆盖

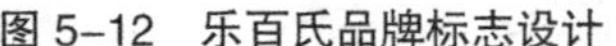
图 5–12　乐百氏品牌标志设计

图 5–13　乐百氏生榨椰汁包装设计

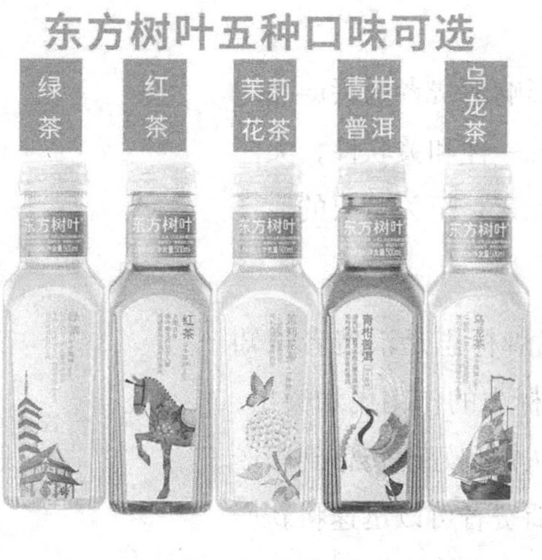

图 5–14 产品线延伸实例

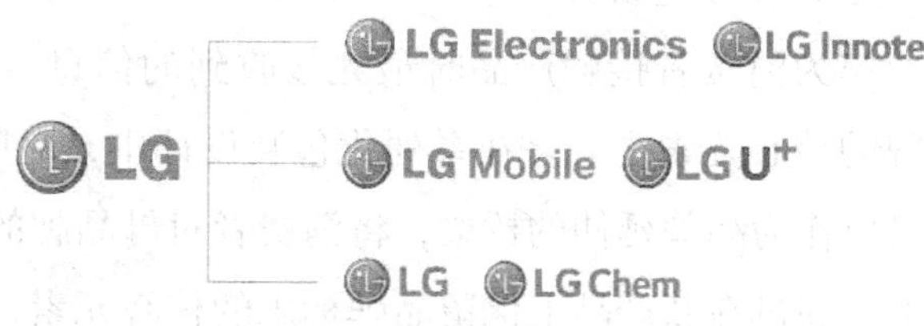

图 5–15 品类延伸实例

到电子、无人运输车、手机、通信、生活健康等多个领域。母品牌 LG 的全球影响力和知名度使得旗下各领域的产品受到消费者的青睐。消费者对 LG 品牌的信任和好感可以转化为对新产品的认可和购买意愿，从而为新产品的市场进驻带来便利和优势（见图 5–15）。

然而，品牌延伸也存在一定的风险。如果品牌延伸失败，即新产品无法达到消费者的期望或无法与母品牌保持一致，将直接影响母品牌的形象。消费者可能会对母品牌产生负面的认知，进而削弱对其他产品的识别度和信任度。一旦消费者对母品牌产生负面印象，可能会对整个品牌产生怀疑，导致销量下降和市场份额缩减。因此，企业在进行品牌延伸时需要谨慎考虑，确保新产品与母品牌的核心价值和品牌形象保持一致，并满足消费者的期望和需求。

2. 系列化包装设计

系列化包装设计是包装设计中常见的形式，它通过体现“多样统一”的美学法则[①]来突出品牌形象，并在竞争激烈的市场环境中被广泛应用。这种包装设计形式出现于 20 世纪 50 年代，最初主要应用于食品、酒类等领域。随着时间的推移，它已经成为国际上常见的包装设计形式之一。

系列化包装设计强调统一的视觉形象，通过在不同产品上保持一致的设计元素和风格来建立品牌的视觉识别度。通过统一的包装设计，消费者可以迅速辨认出属于同一品牌的不同产品，从而加强对品牌的认知和记忆。这种设计形式突出了品牌的一致性和专业性，使品牌在市场上更具竞争力。

① 朱小芬主编：《色彩基础》，辽宁美术出版社 2009 年版，第 58 页。

（二）品牌延伸下的系列化包装设计

在系列化包装设计中，有许多信息传达元素会影响消费者购买产品的决策。为了确保母品牌与延伸产品之间的设计保持统一性和关联性，关注品牌标志、色彩、版式和包装容器等 4 种信息传达元素是至关重要的。

1. 品牌标志设计

作为消费者接触产品时最先接收到的信息，品牌标志是消费者认知品牌的核心要素之一。在系列化包装设计中，品牌标志的作用更加突出，它可以作为品牌延伸的桥梁，将消费者对母品牌的认知和好感转移到新产品上。通过在新产品上保留品牌标志的核心元素，消费者可以迅速将新产品与母品牌联系起来，使新产品的市场认知度得以提升和销售机会得以增加。

以八马茶业为例，“八马”之义来自《辞源》。古代，唯有帝王可乘坐八匹马拉的至高规格座驾。八马茶业，得名于此。八马茶业的品牌标志设计围绕“商政礼节茶”的品牌定位，表现大礼不言的礼文化，找到了我国马文化、礼文化与品牌的结合点。八马标志设计之初，为了让消费者记住品牌，在视觉上“一锤下去”，形成深刻印象，便以北齐仪仗马为基本型，用“八字形”马鞍覆盖至马腹，创作出“颔首无语，胸戴红缨，大礼而不言”的专属于八马茶业的形象标志（见图 5–16）。随着八马茶业提出的品牌标语“认准这匹马，好茶喝八马”逐渐深入人心，从广告传播层面建立了“马符号 = 八马”“八马 = 好茶”的消费认知。八马茶业的品牌标志升级则选定以如何更好地“认准这匹马”为基本方向。八马符号有两大识别元素，一是“马廓形”，二是“八字马鞍”。前者已经建立市场强印记，后者则在品牌升级中获得了进一步优化提升，让整个品牌符号有更强的美感和附加价值的衍化，让品牌视觉识别系统更加完整，且以符号贯穿始终，从而让市场可以更快地“认准这匹马”。升级后的八马品牌设计标志整体保持符号廓形不变，优化了细节，使线条更加简洁，马身更加挺拔，以肩负企业更大的时代使命（见图 5–17）。

此外，还能以八马标志为视觉核心，通过放大并规范其位置，以及运用不同的色彩、工艺和材质，来区分不同等级和价格的茶叶。例如，可通过更换所贴标签的方式来区分品类，但要注意保持整体视觉效果统一，以实现品牌延伸，帮助企业做好成本控制（见图 5–18）。

（a）

（b）

图 5-16　八马茶业之前的品牌标志

图 5-17　八马茶业当前的品牌标志

图 5-18　八马茶业品牌形象延伸

2. 色彩设计

作为视觉感知的重要因素，色彩能够在消费者接触产品时迅速引起他们的注意。通过色彩的运用，品牌可以在消费者心中形成与特定色彩相关联的记忆和印象。例如，当提到可口可乐时，人们往往会想到红色；而提到喜力啤酒时，则会想到草绿色。这种色彩与品牌的关联性可以帮助消费者快速识别和辨认品牌，建立品牌的视觉识别度。因此，色彩在品牌延伸中扮演着重要的角色。通过选择适合的色彩方案，品牌可以帮助消费者记住品牌个性，形成品牌与色彩的关联。在品牌延伸过程中，企业应该重视色彩的运用，确保色彩与品牌的核心价值和形象保持一致，以增强品牌的认知度和市场竞争力。

举例来说，王老吉是一家知名的中草药饮料品牌，其通过巧妙的品牌延伸策略，成功推出了多种口味的产品。在这个过程中，他们采用了风格一致但颜色不同的包装设计，这一策略使其新产品大获成功。王老吉通过在包装设计中运用不同的颜色来区分不同口味的产品，为消费者提供更多的选择（见图 5-19）。不同的颜色可以传达不同的情感和联想，从而吸引不同类型的消费者。这种巧妙的包装设计不仅能够满足消费者的个性化需求，还能够巩固整个品牌在市场中的地位。此外，采用风格一致但颜色不同的包装设计还能够降低生产费用。通过保持包装设计的一致性，王老吉可以共享相同的包装制作工艺和材料，

图 5-19　王老吉红罐和王老吉绿盒

从而降低生产成本并提高效率。这种成本控制措施可以使品牌在激烈的市场竞争中保持优势，并为品牌的进一步发展提供资金支持（见图 5-20）。

3. 版式设计

在包装设计中，简洁明确的排版方式对于提高可读性和减少消费者选择商品的时间成本至关重要。设计师应该考虑如何以最简洁明了的方式呈现关键信息，避免信息过载和混乱。

在品牌延伸中，延伸出来的品牌在外观上也应与母品牌的特性保持一致，形成高度统一的形象。这种一致性可以帮助消费者快速识别并理解延伸品牌的信息。例如，我国著名护肤品牌品牌百雀羚，其版式设计中柔美

图 5-20　王老吉的品牌延伸

的女性插画风格深受都市白领的喜爱，其包装中不同系列的护肤品采用了相同的设计风格，仅在插画、色彩方面有所不同，这种视觉统一感可以帮助消费者迅速识别品牌，并建立起对产品的信任感（见图 5–21）。

4. 包装容器设计

除了品牌标志、色彩和版式设计，包装容器本身也是消费者识别品牌的一个关键因素。一些经典的包装容器在消费者心目中形成了深刻的品牌认知，成为品牌的重要象征。包装容器的设计可以通过形状、材质和结构等方面来体现品牌的个性和特点。例如，农夫山泉高端水玻璃瓶的包装容器非常有特点，这款高端水采自长白山莫涯泉，瓶身以长白山动植物为主题，个性特征强烈，表达了“优质水源，保护环境”的理念（见图 5–22）。该玻璃瓶水是 2016 年 G20 杭州峰会、2017 年“一带一路”国际合作高峰论坛、2017 年金砖国家

（a）

（b）

图 5–21　百雀羚系列化包装设计

图 5-22 农夫山泉高端水玻璃瓶包装容器设计

图 5-23 农夫山泉打奶茶包装容器设计

领导人厦门会晤的官方指定用水。又如，农夫山泉打奶茶，其包装容器设计是将搅拌工具（茶筅：点茶的一种烹茶工具）的形状与瓶身融合起来，生产出一种独特自然的新包装形式，给消费者留下深刻印象（见图 5–23）。

总之，在包装设计中，上述 4 种表现形式是相辅相成的。品牌名称突出个性，色彩刺激视觉，简洁漂亮的版式传递信息，经典的包装容器提高品牌认知度。在包装设计中，正确使用这些设计元素可以帮助品牌在竞争激烈的市场中脱颖而出，并与消费者建立深厚的情感连接。

第三节 包装品牌的自我保护

一、包装品牌自我保护的概念

包装品牌自我保护是指品牌所有人或合法使用人为了保护自己的品牌免受非法侵害和侵权行为的影响而采取的一系列合法性保护措施。这些措施旨在维护品牌的合法权益，确保品牌的独特性和市场竞争力。

品牌经营者为提高企业效益，必须从容面对来自各方面的竞争，努力营造高知名度包装品牌。然而，包装品牌知名度越高，品牌被侵权的威胁也就越大，技术失窃的可能性也就越高。一些不法商人为了追逐利益会群起仿冒，市场中便会出现大量仿冒名牌包装的非法包装商品。品牌之间的搏杀竞争，会使一些受利益驱动的投机者采取不正当的手段，恶意抢注合法使用人的品牌，或者故意注册与知名品牌相同或相似的商标，严重损害品牌经营者的利益。因此，包装品牌经营者为使品牌健康成长，必须增强包装品牌自我保护意识，加强对包装品牌的保护。

包装品牌自我保护涉及品牌所有人、合法使用者的所有商业活动和行为，贯穿企业经营活动的始终。因此，包装品牌自我保护不是一个孤立的行为，它由包装品牌设计、商标注册、色彩设计、材料结构设计等一系列复杂的设计活动构成。与此同时，品牌的美誉度是包装品牌保持旺盛生命力的关键，其核心就是提高包装品牌质量，而开发和创新科技成果则是提高产品质量的根本途径。品牌产品相关的科技成果必须获得《中华人民共和国专利法》的保护，否则很快就会因被仿冒而失去市场。由此可以看出，包装品牌自我保护是商业社会市场营销中的关键环节，企业必须给予高度重视。

二、包装品牌自我保护的前提条件

（一）拥有显著性强的品牌名称和商业标识

1. 拥有显著性强的品牌名称

品牌名称可以帮助品牌在市场中建立独特的形象和认知。根据品牌名称的显著程度，可以将品牌名称分为4类：译音性、形象性、暗示性和描述性。

（1）译音性品牌名称

译音性品牌名称是指将品牌名称翻译成其他语言的音译形式。这种品牌名称在国际市场上常见，通过音译的方式使消费者更容易发音和记忆。例如，一些国际品牌在进入我国市场时，会将其英文名称进行音译，以适应我国消费者的语言习惯。

（2）形象性品牌名称

形象性品牌名称是指通过名称本身所传达的形象和意象来塑造品牌形象的形式。这种品牌名称通常与品牌的特点、定位和目标消费群体相关联。形象性品牌名称可以通过直观的方式激发消费者的情感和想象力，使消费者能够更好地理解和记忆品牌。例如，一些奢侈品品牌的名称常常采用形象性的命名，以表现其高端、时尚和独特的形象。

（3）暗示性品牌名称

暗示性品牌名称是指通过名称暗示品牌的特点、功能或优势的形式。这种品牌名称可以通过暗示性的方式引起消费者的好奇心和兴趣，激发他们进一步了解品牌的欲望。如象牙、微软，通过品牌名称，人们可以联想到香皂和计算机的某种特性。

（4）描述性品牌名称

描述性品牌名称是指直接描述产品或服务的名称形式。这种品牌名称直接传达了品牌所提供的产品或服务的特点、功能或用途。描述性品牌名称通常简洁明了，能够直接让消费者了解品牌的核心业务。例如，一些食品品牌的名称直接描述了其产品的主要成分或特点，使消费者能够迅速理解产品的特点。

从受法律保护的程度和范围来讲，译音性包装品牌名称的显著性最强。形象性和暗示性品牌名称的显著性次之，描述性品牌名称的显著性最差。

2. 拥有显著性强的商业标识

包装品牌的显著性是指品牌在市场上与其他品牌区分开来并被消费者识别的程度。在商标注册过程中，显著性是一个重要的考虑因素。许多国家和地区的商标法规定，只有具备足够的显著性的品牌才能被注册并获得法律保护。这是为了防止品牌之间的混淆和误导，保护消费者的权益，以及促进市场竞争的公平性。《中华人民共和国商标法》（以下简称《商标法》）第九条规定："申请商标的注册，应当有显著特征，便于识别，并不得与他人在先取得的合法权利相冲突。"[①] 可口可乐品牌位居世界饮料品牌之首，除了其产品本身爽口而富有个性的味道、稳定的质量和高强度的品牌宣传推广策略，还与可口可乐简洁、醒目、朗朗上口的品牌设计密不可分。

根据包装品牌显著性的基本要求，商标注册申请有下列情况之一者，商标受理机关不予注册。

（1）过于简单的文字或图形

品牌作为表示商品出处的标记，应当具备一定的内容和表现形式，才能给人以明确的感观印象，达到传达信息的目的，并发挥识别作用。过于简单的文字或图形，难以给人明确的感观印象，故无法起到标识和识别作用。

（2）过于复杂的文字或图形

品牌是传递商品出处的信息符号，其文字或图形必须简明、醒目，主题鲜明。过于复杂的文字或图形不便于识别，在众多品牌中，难以给

① 韦明：《品牌营销：中国人的品牌课堂》，中国致公出版社2008年版，第173页。

消费者留下深刻的印象，而且易与商品包装上的其他文字装潢混淆，故不具备标识的识别作用。

（3）不能构成一个整体

品牌作为一种识别标志，应具有整体性，并能够与商品上的其他文字或图形相区别。因此，作为同一品牌的文字、图形，其表现形式应相互呼应，表现的内容也应相辅相成。

（4）本商品或本行业常用的词语或图形

品牌是区别商品出处的标记，其存在的意义在于专用。因此，作为品牌的文字或图形应符合专有、专用的要求。品牌不仅应与通用标志相区别，还应与本商品或本行业的常用词语或图形相区别。在构成品牌的文字或图形中，常用词语、图形所占比例越大，其品牌的显著性越弱。品牌显著部分为常用词语或图形的，则不具备显著性。

（5）缺乏独有特色的企业名称

企业名称中表示企业地址、经营项目和经营性质等内容的文字，属于本行业通用文字，不符合品牌的专用要求，故单独以这类文字构成的企业品牌不具有品牌的显著性。

（二）具有独创性的名称设计

要提高品牌名称的新颖性，品牌名称就必须独创。独创性是独特性的根基，独特性强的品牌设计比没有独特性或独特性一般的品牌更易于适应法律要求，从而更好地受到法律保护。例如索尼（Sony）品牌，其别具匠心的设计给人们留下了深刻的印象。Sony凭借其独特性设计不仅迅速获得消费者的认可与接受，而且还因其“没有任何含义”的独特性在受到侵权时能较好地保护自己。在品牌设计中，除了考虑品牌独特性要求，还要注意避免使用国家禁用的文字与图形，避免在品牌中出现行业术语。此外，品牌文字的书写也要合乎规范。

《商标法》第十条、第十一条对品牌文字、图形的禁用提出了严格的标准。对于品牌禁用文字、图形，各国商标法规均有相应的规定，且基本原则是一致的，但由于各国文化习俗和经济发展状况的区别，对于品牌禁用文字、图形的法律规定和审查标准则不尽相同。

在当今竞争激烈的市场环境中，保护品牌免受伪造和侵权的侵害至关重要。在包装设计过程中，采用有效的防伪技术是保护品牌的关键。这些技术可以帮助品牌所有人识别和追踪伪造产品，同时也能给消费者提供一种可靠的方式来确认产品的真实性。激光全息图像是一种常用的防伪技术之一，它利用激光技术在包装上创建出具有立体感和变化效果的图像，这种图像难以复制，使得伪造者很难制作出与原始产品相同的全息图像，从而增强了产品的防伪性；荧光磷光也是常见的防伪技术，通过在包装上添加特殊的荧光磷光颜料，可以在紫外线照射下产生明亮的荧光效果。这种效果很难被伪造，因为伪造者通常无法获取到与原始产品完全相同的荧光磷光颜料。近年来，现代高科技防伪已在市场上得到广泛应用，并成为保护品牌的主要手段之一。同时，实践证明，合理运用防伪技术是包装品牌自我保护行之有效的做法。

（三）进行包装商标的注册

包装品牌最具凝聚力的核心是商标。《商标法》规定，通过商标注册，品牌所有人可以获得独占性的使用权，防止他人在相同或相似商品或服务上使用相同或相似的商标。这有助于品牌在市场上与竞争对手区分开来，并建立起独特的品牌形象和认知。

例如，在图 5–24 所示的品牌食品包装设计中，“Top Taste”的右上角有一个“®”标记，这是广泛使用的一种商标标志，用于区分已注册商标和未注册商标。“®”符号中的 R 代表着英文单词“register”的首字母，向公众和其他商标持有人表明该商标已经获得法律保护。在品牌名称右上角有一个“TM”标记。这是英文“trade– mark”的缩写，用来表示商标符号。TM 符号的使用是为了提醒他人该标志正在被作为商标使用。然而，需要明确的是，这种类型的商标并不受法律保护，因为其可能还未被注册。

图 5–24 某品牌包装设计

进行包装商标的注册要注意做好以下两个方面的工作。

1. 及时注册商标

（1）商标注册是获得商标专用权的主要手段

商标注册使品牌所有人能够在法律上拥有对商标的独占使用权。一旦商标成功注册，品牌所有人就能够防止他人在相同或相似商品或服务上使用相同或相似的商标。这有助于保护品牌的独特性和市场地位，防止他人的侵权行为，减少混淆和误导消费者的可能性。商标注册还为品牌所有人提供了法律手段来追究侵权者的责任，并寻求赔偿。否则，包装商标得不到法律保护，他人可以自由使用，包装商标所有人的经济利益就会受到冒牌商品的冲击。

（2）预防抢注现象的发生

抢注是指他人在品牌所有人未注册商标之前，利用相同或相似的商标进行注册的行为。抢注现象可能导致品牌所有人失去对自己品牌的控制权和市场份额。通过及时注册商标，品牌所有人能够拥有对自己品牌的权益和声誉的保护手段，避免他人抢注或滥用自己的商标。这对于维持品牌的长期发展和市场竞争力至关重要。

2. 在国外注册商标

对于我国企业来说，要走向世界、创造国际知名品牌，注册商标并获得外国法律的保护是至关重要的手段。前些年，由于我国企业的自我保护意识不强，导致一些知名品牌在国外被他人抢注现象十分严重，如“青岛”啤酒在美国、“凤凰”牌自行车和“竹叶青”酒在韩国等均出现被抢注的现象。

包装商标专用权具有地域性和时间性，这两个方面都需要企业在制定营销战略时予以考虑。首先，包装商标专用权具有地域性。商标的专用权仅在其注册的国家或地区有效。这意味着即使在一个国家成功注册了商标，该商标在其他国家可能不会受到法律保护。因此，企业在进军国际市场时，需要根据目标市场的特点和需求，对商标进行国际注册，以确保在不同国家或地区都能够享有商标的专用权。其次，包装商标专用权具有时间性。大多数国家采用先注册先享有的原则，即首先注册商标的企业将获得商标的专用权。这意味着如果企业没有及时注册自己的商标，就有可能被他人抢注，导致失去对自己品牌的控制和权益。为了避免商标被抢注，企业在制定营销战略时应依据企业市场战略布局，预先在潜在市场进行注册，否则会造成不可估量的损失。

三、包装品牌使用过程中的保护策略

包装品牌是为所有者或被许可使用者的经营活动服务的，在包装品牌的使用过程中，也需要给予必要的保护。所谓包装品牌使用过程中的保护，是企业经营者在具体的营销活动中采取的一系列措施，旨在维护品牌形象并保持品牌在市场上的地位。包装品牌使用过程中的保护首先表现在对包装商标权的维护上。商标权的维护取决于能否正确地使用商标。

（一）依法合理使用注册商标

注册商标的经济意义在于保护正常经济活动中从事商品和劳务交换各主体的正当权益，这就排除了对非经济活动的注册商标的法律保护。

在许多国家，商标注册后会被要求在一定时间内投入商业使用。这是为了防止滥用商标注册制度，保护企业的公平竞争权。不同国家对商标使用期限的规定有所不同。例如，英国、法国、德国、泰国等国家通常规定商标注册后的使用期限为 5 年，而日本、韩国、意大利、加拿大、澳大利亚等国家通常规定商标注册后的使用期限为3年。这意味着商标注册人在注册后的规定年限内应将商标用于商业活动，否则可能面临商标被删除的风险。

有些国家对商标使用的规定更为严格。例如，美国法律规定，商标注册后第5年，注册人应当向商标当局递交一份使用声明，以宣誓该商标已在美国实际使用。这种使用声明应当是真实的，如果没有实际使用却递交使用声明，一旦被发现，将以欺骗罪论处。还有的国家规定，商标在续展时，申请人应当提供3年或5年内的使用证据。证据不足的，主管当局拒绝续展注册。

（二）使用与注册商标一致的商标

商标是企业在市场上与竞争对手区分开来并被消费者识别的重要标识。根据《商标法》的规定，商标在包装设计中必须与注册商标一致，不得发生实质性改变。这意味着商标的文字、图形组合以及整体外观等要素必须保持一致，不得进行实质性的修改或变化。如果商标在包装设计中发生了实质性改变，可能会导致商标被注销或失去法律的保护。

（三）不得擅自扩大注册商标的使用范围

商标在注册时，一般都要明确使用范围。根据《商标法》的规定，商标持有人不得将商标用于未指定的商品或超出指定范围的商品上。这意味着商标持有人不能随意将商标用于与指定商品不相关或不相似的商品上，即使这些商品可能在某种程度上与指定商品相似。如果商标持有人有意或无意地将商标用于未指定的商品上，可能会面临商标被注销的风险，导致商标权益和品牌价值被损害。

参考文献

[1] 席涛:《包装设计的绿色革命》,上海科学技术文献出版社 2002 年版。
[2] 王兴凯、程惠琴:《包装设计创意指南》,上海科学技术文献出版社 2009 年版。
[3] 朱和平主编:《世界经典包装设计》,湖南大学出版社 2010 年版。
[4] 曾敏:《市场实现包装设计》,重庆大学出版社 2011 年版。
[5] 杨哲:《包装设计在品牌价值中的应用研究》,北京工业大学出版社 2020 年版。
[6] 魏风军:《绿色低碳理念下的创新包装设计与应用》,冶金工业出版社 2018 年版。
[7] 金萍、季慎峰:《包装设计与实训教程》,上海交通大学出版社 2015 年版。
[8] 李帅:《现代包装设计技巧与综合应用》,西南交通大学出版社 2017 年版。
[9] 余兰亭:《中国白酒包装设计发展研究》,吉林大学出版社 2020 年版。
[10] 刘键:《多元化视角下的包装设计艺术探究》,新华出版社 2020 年版。
[11] 高敏:《包装设计方法解析》,中国商务出版社 2016 年版。
[12] 邹启华主编:《包装设计与制作》,中国纺织出版社 2018 年版。
[13] 贾丽芳:《包装设计实战教程》,电子科技大学出版社 2019 年版。
[14] 刘印:《现代绿色包装设计实务》,中国纺织出版社有限公司 2021 年版。
[15] 陈玲、姚田主编:《包装设计》,华中科技大学出版社 2017 年版。
[16] 罗兵、葛颂主编:《包装设计》,中国海洋大学出版社 2017 年版。
[17] 张瑞主编:《包装设计》,武汉大学出版社 2017 年版。
[18] 孙志宜主编:《包装设计》,安徽美术出版社 2010 年版。
[19] 陈小林主编:《包装设计》,人民美术出版社 2010 年版。
[20] 张立雷、赵俊杰:《绿色包装与设计》,人民美术出版社 2021 年版。
[21] 罗娇:《土特产包装设计研究》,江苏凤凰美术出版社 2022 年版。
[22] 刘雪琴主编:《包装设计教程》,华中科技大学出版社 2018 年版。
[23] 彭冲主编:《交互式包装设计》,辽宁科学技术出版社 2018 年版。
[24] 朱和平主编:《智能包装设计》,湖南大学出版社 2021 年版。
[25] 张红辉:《现代包装设计理念变革与创新设计》,中国纺织出版社有限公司 2019 年版。
[26] 周作好:《现代包装设计理论与实践》,西南交通大学出版社 2017 年版。
[27] 郑小利:《包装设计理论与实践》,北京工业大学出版社 2016 年版。
[28] 石辰三:《现代创意包装设计技巧分析与实践探索》,吉林人民出版社 2019 年版。
[29] 郑斌:《商品包装设计》,河北美术出版社 2010 年版。
[30] 许心钰、曾彬艳、黄泓婷等:《地域文化融入河源茶产品包装设计例析》,《广东茶业》2023 年第 6 期。
[31] 陈雨婷、李宣:《基于设计符号学的茶叶包装设计应用》,《福建茶叶》2023 年第 12 期。

[32] 戴凌娜、李宣:《庐山云雾茶包装设计探析》,《福建茶叶》2023年第12期。
[33] 程佳琪:《基于同构思维的趣味包装设计研究》,《中国包装》2023年第12期。
[34] 郭岩:《基于五感体验的儿童玩具包装设计研究》,《玩具世界》2023年第6期。
[35] 邓静怡:《绿色设计理念下的包装设计探究》,《鞋类工艺与设计》2023年第22期。
[36] 刘航、李琴:《视觉传达设计在纸品包装中的创意呈现》,《中国造纸》2023年第11期。
[37] 孙小利:《语文汉字的形与意在艺术设计中的应用》,《鞋类工艺与设计》2023年第21期。
[38] 黄晓:《留白艺术在包装设计中的应用》,《鞋类工艺与设计》2023年第21期。
[39] 何靖君:《视错觉在包装设计中的应用分析》,《绿色包装》2022年第9期。
[40] 曾名泽:《论包装设计中减碳的必要性》,《中国包装》2022年第6期。
[41] 丁斌:《化妆品包装设计的艺术效果探讨》,《日用化学工业》2022年第5期。
[42] 刘卓雅:《"情感化"包装设计在产品设计中的应用研究》,《轻纺工业与技术》2021年第11期。
[43] 高嵩:《视觉语言下的茶文化包装设计》,《福建茶叶》2021年第11期。
[44] 周海涵:《包装设计中纸质包装的应用研究》,《华东纸业》2021年第6期。
[45] 姚蔚:《矿泉水包装设计》,《辽宁经济管理干部学院学报》2021年第5期。
[46] 钟茹枫、陈烨伟:《基于视觉传达角度分析经济市场商品包装设计》,《经济研究导刊》2021年第27期。
[47] 魏丽娟:《浅析我国包装设计的现状和发展趋势》,《西部皮革》2021年第20期。
[48] 秦瑶:《基于4P营销理论的儿童玩具包装设计优化分析》,《湖南包装》2021年第3期。

[49] 李伟斌:《趣味包装设计的表现形式与创新》,《鞋类工艺与设计》2021 年第 10 期。
[50] 袁文莹、张娜:《浅析可口可乐包装设计》,《轻纺工业与技术》2021 年第 4 期。
[51] 黄芳:《浅析新风尚包装设计发展的趋势》,《济南职业学院学报》2021 年第 1 期。
[52] 谢敏:《文化创意视角下的食用菌产品包装设计分析》,《中国食用菌》2021 年第 1 期。
[53] 鲁文婷:《交互式理念在饮品包装设计中的应用》,《西部皮革》2021 年第 3 期。
[54] 闫笑雨:《MARGIN 品牌视觉包装设计》,《上海纺织科技》2021 年第 1 期。
[55] 陈丽:《基于市场需求与产品特点的食用菌包装设计》,《中国食用菌》2021 年第 1 期。
[56] 寇佳仪、毛寒:《古戎竹叶糕包装设计》,《湖南包装》2020 年第 6 期。
[57] 张结宜:《“斛小鲜”品牌快销品包装设计》,《艺海》2020 年第 12 期。
[58] 郑艺禹:《生活美学视阈下产品包装设计研究》,《绿色包装》2020 年第 12 期。
[59] 薛峰:《包装设计的视觉信息传达浅论:基于平面设计》,《美术教育研究》2020 年第 22 期。
[60] 杨静:《闽东菌菇品牌包装设计研究》,《工业设计》2020 年第 11 期。
[61] 陈鹏:《基于产品语义学的文创产品包装设计研究》,《轻纺工业与技术》2020 年第 11 期。
[62] 赵晗肖、周橙旻:《基于用户体验的包装设计策略》,《美术教育研究》2020 年第 21 期。
[63] 宋梓铭:《从包装设计角度谈论形式与功能的关系:以食品包装为例》,《美术教育研究》2020 年第 20 期。
[64] 王楠:《构建从“零”到“零”的包装设计思维模式》,《美术教育研究》2020 年第 20 期。
[65] 张弦:《扁平化包装设计的视觉语言表达》,《造纸装备及材料》2020 年第 5 期。
[66] 薛欢:《探讨艺术设计在包装设计中的应用》,《绿色包装》2020 年第 10 期。
[67] 陈小玲:《融媒体时代下品牌包装设计策略分析》,《国际公关》2020 年第 10 期。
[68] 苏昵:《“怡清源”黑茶包装设计》,《湖南包装》2020 年第 4 期。
[69] 刘娜:《包装设计中字体设计的形式美感研究》,《轻纺工业与技术》2020 年第 7 期。
[70] 王子菊:《包装设计与消费者心理的探索与研究》,《轻纺工业与技术》2020 年第 6 期。
[71] 代鑫:《低碳型社会视阈下传统食品绿色包装设计研究》,景德镇陶瓷大学 2022 年硕士学位论文。
[72] 罗煜:《基于环保理念下的饮料包装设计研究》,南昌大学 2023 年硕士学位论文。
[73] 卢杉:《生态理念下包装设计策略研究》,北京印刷学院 2023 年硕士学位论文。
[74] 刘硕:《几何美学在甘露葡萄酒包装设计中的应用研究》,江西财经大学 2023 年硕士学位论文。

[75] 王晖:《Pentawards 包装设计大赛获奖作品研究》，西华大学 2022 年硕士学位论文。

[76] 萨妮娅:《功能性食品包装的情感化设计》，内蒙古师范大学 2022 年硕士学位论文。

[77] 徐丽:《木材构造图案美学研究及其包装仿生设计》，南京林业大学 2017 年博士学位论文。

[78] 周威:《植物秸秆包装容器造型设计研究》，东北林业大学 2010 年博士学位论文。

[79] 许超:《现代包装设计尺度论》，中国艺术研究院 2008 年博士学位论文。

[80] 搜狐网:《19 例以绿色环保为创作理念的产品设计创意欣赏》（https://www.sohu.com/a/667500237_772412）。

[81] 张楠、阿依帕夏·吾斯曼:《这些考虑到再利用的包装设计挺赞的》，《北京日报》2023 年 4 月 12 日第 5 版。

[82] 肖静:《设计要尊重消费者的行为习惯》，《华夏酒报》2017 年 2 月 14 日第 B24 版。

[83] 许坤:《包装设计进入消费者主权时代》，《华夏酒报》2014 年 9 月 2 日第 B30 版。

[84] 梁文峰:《包装设计：新时代白酒产品力》，《华夏酒报》2013 年 10 月 8 日第 B38 版。

[85] 于佳音:《包装设计应追求持续性价值》，《华夏酒报》2015 年 11 月 10 日第 B28 版。

[86] 高娇娣:《包装设计助力食业发展》，《中国食品报》2023 年 9 月 12 日第 5 版。